数字化成衣样板与工艺设计

徐丽丽　杨雪梅　罗琴　编著

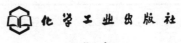

化学工业出版社

·北京·

《数字化成衣样板与工艺设计》全面详细地讲述了服装数字化技术在服装生产过程中的应用，通过经典款式如西装、衬衫、西裤、女装大衣、文胸等企业实际操作案例，解析了如何利用服装数字化技术进行服装工业样板制作、成衣工艺流程设计及生产工艺文件的制订等知识及操作要点。全书共六章，第一章介绍了服装数字化技术及其在服装行业中的应用情况，第二章至第五章分别介绍了成衣生产流程设计、成衣工业样板设计、计算机辅助排料、成衣工艺文件设计等内容并附加企业实用案例，第六章介绍了男衬衫和文胸的工业样板与成衣工艺的具体设计过程。本书结合大量图片，知识点一目了然，实用易学，因此，既可作为服装专业院校的专业课程教材，又可作为服装企业技术人员的指导用书。

图书在版编目（CIP）数据

数字化成衣样板与工艺设计/徐丽丽，杨雪梅，罗琴编著．—北京：化学工业出版社，2017.9
ISBN 978-7-122-30141-3

Ⅰ.①数…　Ⅱ.①徐…②杨…③罗…　Ⅲ.①服装量裁　Ⅳ.①TS941.631

中国版本图书馆CIP数据核字（2017）第162612号

责任编辑：李彦芳　　　　　　　　　　　装帧设计：史利平
责任校对：王　静

出版发行：化学工业出版社（北京市东城区青年湖南街13号　邮政编码100011）
印　　装：大厂聚鑫印刷有限责任公司
787mm×1092mm　1/16　印张13¹/₂　字数329千字　2017年9月北京第1版第1次印刷

购书咨询：010-64518888（传真：010-64519686）　售后服务：010-64518899
网　　址：http://www.cip.com.cn
凡购买本书，如有缺损质量问题，本社销售中心负责调换。

定　　价：49.00元

前　言
Preface

中国作为世界第一的"服装制造大国"，一直以丰富的资源、低价的劳动力和庞大的市场闻名于世，然而随着生产设备与科技的飞速发展、国际市场形势的变化以及消费观念的转变等原因，中国服装制造的传统优势越来越不明显。因此，各服装企业纷纷向技术型、智能型、创新型企业转型，以求降低设计和生产周期、提升产品附加值、稳定和提升生产经营利润。在此过程中，企业生产设备的先进性、生产技术的创新性及不可替代性、产品质量的合格率和稳定性、生产成本构成的可控性、企业的信息化程度、生产过程的顺畅和柔性程度等，都是企业生存和发展的关键因素，而实现和控制这些影响因素则离不开服装生产过程对数字化的应用。

如今服装数字化技术已经深深根植于服装的款式设计、结构设计、工艺设计及加工和销售等过程中，因此，企业对于服装数字化技术人员的需求也是越来越迫切，而从事服装数字化应用的专业人员不仅要有服装设计和生产的相关知识素养，还要熟练掌握各种设计软件、文件编制、信息管理等软件及硬件设备的操作，同时还要有统筹、系统、分析和创新等能力，才能较好地将数字化技术的效果和优势发挥出来。

本书从服装产品的生产过程入手，详细介绍了服装数字化技术的概念及在服装企业内部的应用，着重讲述了如何运用数字化技术进行生产流程的设计、工业样板设计、排料设计、成衣工艺设计等内容，并结合具体实例阐述如何利用数字化技术将企业生产过程信息化，理论联系实际，深入浅出，易于理解和掌握，同时可以根据企业及产品的实际情况进行调整、转换、创新等操作，因此，本书既可以作为服装院校的教学资料，又可以作为服装专业人员的学习和参考用书，希望能对服装专业人才的培养、服装企业生产方式的改革和创新、服装行业的发展起到一定的作用。

由于笔者的理论水平及实践经验有限，编写过程中难免有不足之处，望各位专家、学者、专业人士等批评指正。

编著者
2017年4月

目 录
Contents

第四章　计算机辅助服装纸样排料　　107

第五章　成衣工艺设计　133

第六章　数字化成衣工业样板与工艺设计实例　169

参考文献　206

第一章

服装数字化技术

随着服装各项技术的发展，服装制造进入全球一体化时代，顾客需求越来越高、生产技术革新速度越来越快、生产周期越来越短、市场竞争越来越激烈。我国作为世界第一服装制造大国，拥有丰富的资源、廉价的劳动力和庞大的市场，生产能力相对较强。但是随着资源的消耗、生产技术的发展以及周边国家服装业的崛起，我国服装业的传统优势已经越来越小，因此，我国服装产业想要生存并继续保持竞争力就必须改变原有的生产及管理模式，降低生产成本，提升生产效率，缩短生产周期，提升产品的科技含量，由"中国制造"转变为"中国智造""中国创造"。

随着计算机技术及网络技术的发展，先进的自动化设备、高效的生产技术、现代化的管理技术等都颠覆了服装企业传统的生产方式和管理模式，利用计算机技术建立信息平台整合企业各种资源，利用各种软件降低技术工人的工作难度，利用自动化生产设备提升生产效率，从而平衡生产过程、降低生产成本、减少对技术人员的依赖、减少生产浪费等。各种技术通过网络技术在企业内部、企业之间、国家之间进行传播和共享，使智能化生产不断升级，显然，服装制造业已经进入了数字化时代。

第一节 服装数字化技术概述

一、服装数字化技术概念

"数字化"来源于拉丁语"digitus"，本义是手指的意思，数字化是将许多复杂多变的信息转变为可以度量的数字、数据，再以这些数字、数据建立起适当的数字化模型，把它们转变为一系列二进制代码，引入计算机内部，进行统一处理。

服装数字化技术（Garment Digitization Technology）是利用计算机软件、硬件、协议、网络、通信技术等将服装设计、生产、销售等环节的各种信息进行收集、整合、存储、传播、应用等，目的是缩短生产时间、提升生产效率、降低生产技术难度、实现企业资源的优化配置。

服装数字化技术是集合计算机图形学、人工智能、网络与多媒体、虚拟现实等技术为一体的。服装数字化技术是服装制造业信息化的基础，将传统制造过程中的各项技术转化成人机互动技术，建立各种数据库及系统模型，利用计算机及网络使服装设计、加工及资源管理等环节建立起有效联系。

二、服装数字化技术应用现状

随着计算机技术和网络技术的发展，服装数字化技术在服装行业的应用越来越广泛，从服装款式设计到服装结构设计、从服装工艺设计到服装生产流程设计、从人体尺寸测量到服装展示与销售等过程都可以应用服装数字化技术。

服装数字化技术主要包括以下8种。

1. 服装数字化技术CASD

服装数字化技术CASD（Computer Aided Styling Design，即计算机辅助款式设计），是指利用计算机技术辅助设计师进行构思和服装款式的系列设计，并准确快速地展示出设计成果。利用计算机图形技术及图像处理技术为设计师提供款式设计所需的色彩库、面料库、图案库、款式库等各种数据库，设计师可以通过数据库进行款式的设计、修改、变形、调色、组合等操作。

2. 服装数字化技术CAPD

服装数字化技术CAPD（Computer Aided Pattern Design，即计算机服装结构设计），是指利用计算机技术结合服装结构设计、数据库和网络等技术辅助服装结构工程师进行服装纸样的设计和开发。利用计算机的存储功能及服装结构设计软件，为结构设计师提供尺寸规格、基础结构图、零部件结构图、成衣结构图等数据库，结构工程师可以通过制图、修改、组装等方法进行结构图设计。

3. 服装数字化技术CAGD

服装数字化技术CAGD（Computer Aided Grading Design，即计算机辅助工业放码），是指利用计算机技术结合服装放码原理及规则对基础服装样板进行放缩，系统生成各种号型的成套标准生产用样板。利用计算机的存储功能及放码软件，放码工程师可以通过逐点推放、复制规则等方法进行放码操作，并进行检查、测量、调整等，生成各号型生产用样板。

4. 服装数字化技术CAMD

服装数字化技术CAMD（Computer Aided Marking Design，即计算机服装排料设计），是指利用计算机技术结合样板排料原理和规则对裁剪用服装样板进行合理的排列，生成排料图。排料系统模拟裁床，排料技术人员输入布料的幅宽、图案、布纹方向、裁剪分配方案等指标，调取所需数量的各号型成衣工业样板，确定所有裁片在布料上的位置。

5. 服装数字化技术CAPP

服装数字化技术CAPP（Computer Aided Process Planning，即计算机辅助工艺设计），是指利用计算机技术将服装款式、结构、生产工艺、面辅料、包装等要求转化为生产制造数据，进行服装工艺设计，包括工艺流程设计、工艺方案设计、缝型设计等。较为完善的CAPP系统还可以确定的款式进行工艺分析、工序分解、动作分析，并利用系统内部的数据库完成工时和劳动成本的计算，综合完成工艺文件编制、生产线平衡、生产成本核算、工人工资计算等功能。

6. 服装数字化技术PLM

服装数字化技术PLM（Product Lifecycle Management，即计算机辅助产品生命周期管理），是指利用计算机技术规定和描述产品生命周期过程中产品信息的创建、管理、分发和使用的过程和方法，给出一个信息基础框架，使用户可以在产品生命周期过程中协同开发、生产和管理产品。PLM系统一般分为产品设计、产品数据管理和信息协作三个层次。

7.服装数字化技术CAT

服装数字化技术CAT（Computer Aided Testing，即计算机辅助人体测量），是指利用计算机技术结合光学测量技术、图像处理技术等对人体表面轮廓进行三维立体扫描，获得人体各部位的尺寸及人体表面形态特征，为提升服装的合体性提供基础数据，同时为建立人体数据库和服装标准号型提供依据。

8.服装数字化技术VGD

服装数字化技术VGD（Virtual Garment Design，即计算机虚拟服装设计），是指利用计算机技术及3D（3 Dimensions，三维）虚拟交换技术模拟服装的制作过程、模特试衣效果及穿着环境，进行服装款式设计。利用VR（虚拟现实）技术及计算机的存储功能对面料进行仿真处理，模拟服装动态穿着效果，设计师可以利用视觉、听觉、触觉，根据计算机显示的虚拟的服装设计效果、面料及图案的变化情况等进行设计和修改。

三、服装数字化技术发展趋势

进入21世纪后，服装产品呈现多品种、小批量、更新快等特点，因此，对服装生产技术提出了更高的要求，加之人工成本及原材料成本不断增加，企业要生存和发展就必须具有更快速、更灵活的生产方式，更高的质量，更低的生产成本、更少的能源消耗、更好的生产环境等，因此，大量的现代化生产技术及管理技术应运而生。服装数字化技术被应用于各个生产环节，利用计算机软硬件进行服装设计、制版、放码、排料、工艺文件编制、流水线平衡等，大大降低了生产技术人员的工作难度和强度，提升了各生产部门的工作效率，缩短了产品制造周期，增强了企业竞争力，提升了企业信誉。

随着计算机技术及生产设备的进一步发展，服装数字化技术发展的总体趋势是标准化、智能化、网络化、个性化、集成化。

1.标准化

目前，国内外的服装用各类软件有几百种之多，为保持专一性，各软件公司在设计系统时采取不同的文件存储格式，导致各软件之间的数据不可转化或者转化困难，最终致使企业之间、学校和企业之间的数据传输和使用极为不便，很大程度上增加了企业的负担，也阻碍了行业的发展。另外，各软件之间的设计原理及专业术语差异较大，增加了技术人员的操作难度，且不利于企业之间、行业内部、校企之间的交流和合作，同时也不利于服装行业的发展。因此，标准化将是服装数字化技术的发展趋势之一。

2.智能化

应用服装数字化技术不仅仅是将技术人员从繁杂的手工操作中解脱出来，降低工作强度和难度，更重要的是将技术人员及专家们长期积累下来的经验和资料进行归纳整合，建立各种数据库和专家系统，通过与计算机之间的互动，启发技术人员的设计灵感，提升创造力和想象力。因此服装数字化技术必须更加智能化，操作过程更加灵活简便，资料库更加丰富，解决问题的能力更强。

3.网络化

信息对于企业来说就像是人体的神经系统，联系着各个部门，信息的传递是否顺畅、准确、及时、完整等都直接关系整个企业的生产与运作。随着服装数字化技术的发展，很多企业已经在各个生产环节采用了服装数字化技术，但是部门之间及行业之间的信息交流还没有完全做到及时和准确。如果能将企业各个部门之间的信息集成起来，实现真正的信息有效共享，并利用网络技术与企业外部进行互动交流，从而形成企业信息管理的网络化，特别是大规模服装定制生产企业在实现产品的异地定制、采购、生产、电子商务、网络营销等过程中，都需要企业具有一个完整的服装数字化网络体系。

4.个性化

随着网络购物的蓬勃发展，越来越多的企业开展了网络营销业务。同时随着消费者对个性化的需求日益增强，甚至越来越多的人希望可以自行设计自己的服装，因此，如何让消费者通过网络完成个性化服装的设计生产是服装数字化技术研究的方向之一。消费者可以通过网络提供自己的量体尺寸，利用网络上的款式库、面料库、色彩库、图案库等选择自己喜欢的组合，并通过虚拟技术看到自己的设计和着装效果，真正实现服装个性化定制。

5.集成化

服装数字化技术可以分为很多模块，如款式设计、结构设计、工艺设计等，但是要真正实现服装CAM（Computer Aided Manufacturing）和柔性制造（Flexible Manufacturing），企业需要组建现代化的缝制加工设备，如自动裁床、自动化模板缝纫机、吊挂生产系统等，而服装数字化技术与现代化生产设备之间的完美融合就成为了关键。另外，服装企业内部的各个环节都是生产经营活动的组成部分，相互联系、相互影响，因此各部门对产品信息的收集、传递和处理过程都要考虑到对其他部门的影响。由此可见，服装数字化技术势必要根据企业发展需求趋于集成化。

第二节 服装数字化技术CASD

服装数字化技术CASD是利用计算机技术进行服装款式设计，包括服装的外轮廓设计、面辅料的选择、色彩的搭配，并以服装效果图的形式表现出来。当展示服装款式细节并用于绘制纸样时，则需要进行服装款式结构图的绘制。

一、服装效果图设计

服装效果图一般用于表达设计师的设计构想，完整地描绘出服装的着装效果，可以现实或者夸张的手法来展示服装的外部轮廓、内部造型、面料质地和图案、色彩搭配、褶皱效果等，具有一定的艺术审美价值。服装效果图展示了设计师的艺术修养、绘画功力、创新能力等。

服装数字化技术CASD可以为设计师提供大量的创作素材，如模特库、面料库、图案库等，这些资料不仅降低了对设计师绘画技术的要求，还能提高设计师的审美能力，提升款式设计的效率，如图1-1～图1-4所示，分别是不同服装设计软件提供的模特数据库、服装效果数据库、面料数据库及服装款式数据库等。

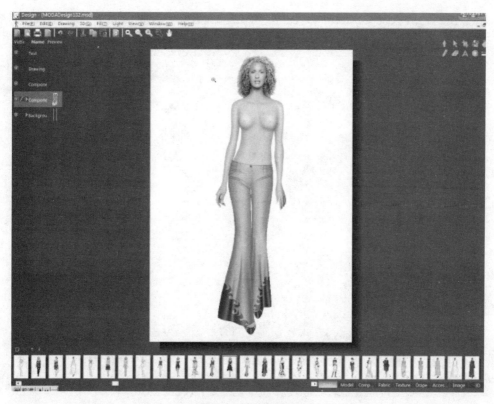

图1-1　模特数据库

图1-2　服装效果数据库

图1-3　面料数据库

图1-4　服装款式数据库

常用的服装效果图设计软件分为通用软件（如Photoshop）和专业软件（如智尊宝纺）两类。通用软件往往具有强大的图像处理功能，可以通过扫描手绘的人体或者服装草稿的方式将基础图形输入电脑，再利用各种系统工具对人体、服装轮廓造型、各部位细节、面料等进行修改、变形、填充、组合等操作，完成服装结构图的设计，如图1-5所示。但由于通用软件不是针对某种产品设计系统的，因此各工具及功能的适应范围太广，在进行服装效果图设计时往往需要进行更多的操作步骤才能完成效果图的设计，操作起来难度较大，对设计师技术和能力的要求也较高。

专业软件通常是针对服装产品设计工具和功能，把服装效果图常用的操作菜单集中为固定的工具和功能，设计师使用起来更加简单快捷。专业软件往往附带各种资料库，如面料、款式、图案、褶皱效果、光影效果等，设计师在绘制服装效果图时可以直接调取所需的资料和效果，还可以通过不同效果的尝试找到更合适的组合和搭配，这样就大大降低了设计师的工作难度，并且能提升设计师的创作速度和准确度，如图1-6所示。

图1-5　Photoshop绘制服装款式效果图

图1-6　智尊宝纺绘制百褶裙效果图

二、服装款式结构图设计

服装款式结构图是指用平面图形来表示服装的款式特征、各部件细节、零部件拼合关系及工艺要求等内容的款式图。服装款式结构图是设计师向纸样师及工艺师表达设计意图的重要工具，因此，服装款式结构图必须清晰地描绘出服装各部位的外形轮廓和内部结构，如各部位之间的比例、分割线形状及位置、省位线、褶位及褶量、明线位置（即宽度）、图案位置等，必要时还要加以文字说明。

绘制服装款式结构图可以用通用软件（如Coreldraw、AI等）和专业软件（如富怡、ET等）。如图1-7～图1-10所示，分别为四个不同软件设计的款式结构图。

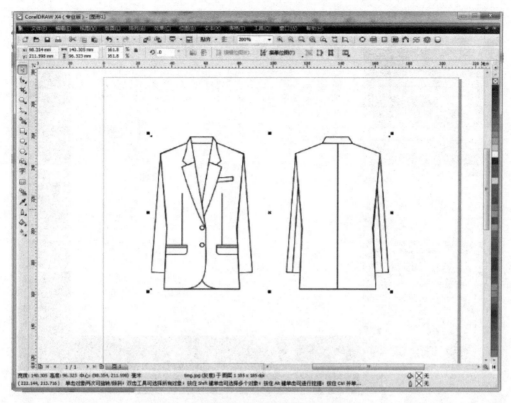

图 1-7　Coreldraw 绘制西装款式结构图

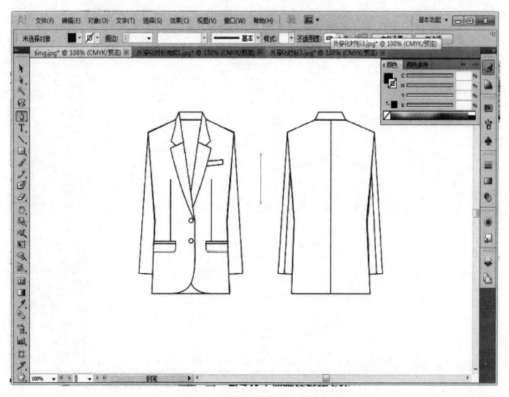

图 1-8　AI 绘制西装款式结构图

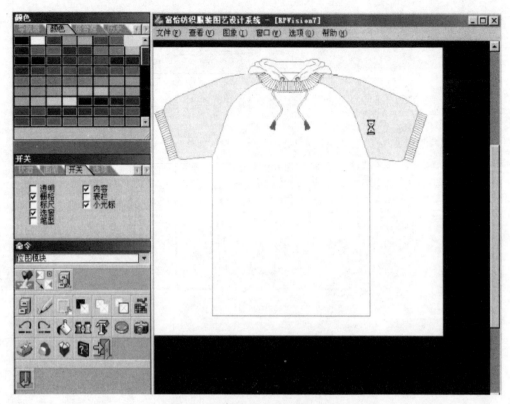

图1-9 富怡绘制T恤衫款式结构图

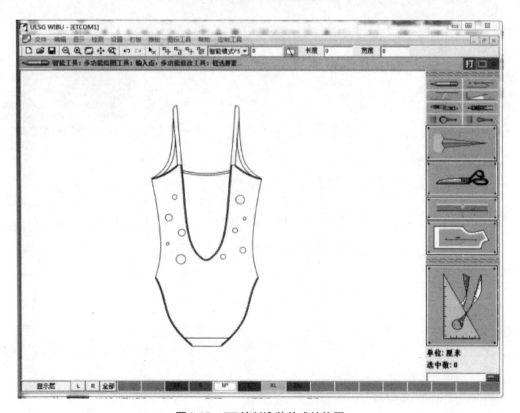

图1-10 ET绘制泳装款式结构图

第三节 服装数字化技术CAPD

服装数字化技术CAPD是利用计算机技术进行服装结构设计，按照给定的尺寸规格绘制出服装结构图，再根据面料特点、工艺要求等增加纸样资料、缝份等内容并自动生成成衣纸样。

一、服装结构图设计

服装结构设计常用的方法是平面裁剪法里的比例法和原型法，比例法适合绘制款式比较固定的服装，如西装、衬衫等；原型法更适合款式变化较大的服装，如女装礼服、连衣裙等。而服装数字化技术CAPD利用结构设计软件绘制结构图时，常用的绘图方法也是比例设计法、原型设计法、经典设计法、基础设计法、结构连接设计法、自动设计法等。

1.比例设计法

比例设计法又分为两种：点数法和参数法，如图1-11和图1-12所示。点数法是在绘制过程中直接在对话框中输入所需要的数值，逐点完成结构图的绘制；参数法则是先将绘图过程中所需要的部位尺寸输入数据表格里，如图1-13所示，在绘制时通过输入公式的方法得到每个点所需要的数值，逐点完成结构图的绘制，如图1-14所示。对比两种方法，点数法绘制的结构图只适用于同一个固定尺寸的服装，而参数法则可以通过修改参数设置来获得相同款式的其他尺寸规格的结构图，所以参数法的适用性更强。

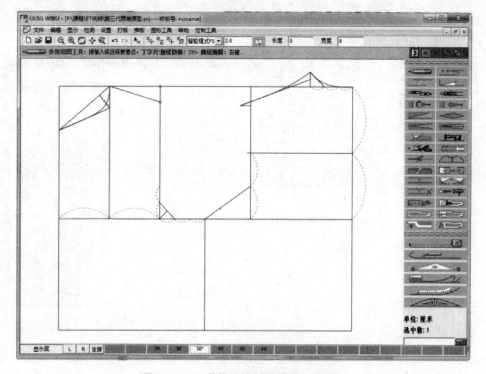

图1-11　ET点数法绘制男装原型结构图

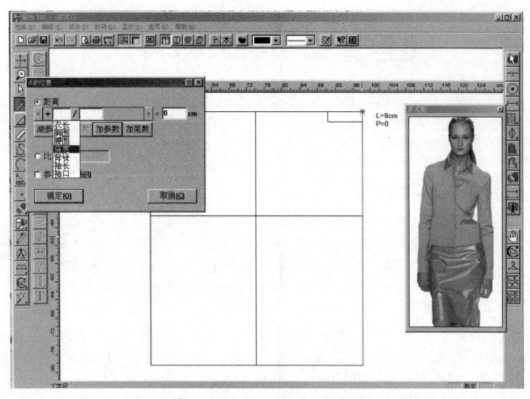

图 1-12　富怡参数法绘制女衬衫结构图

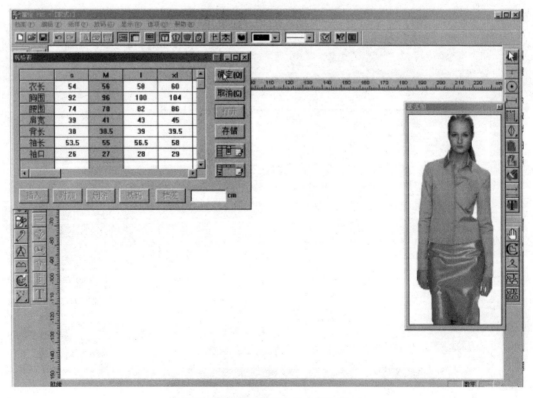

图 1-13　富怡参数法尺寸表设置

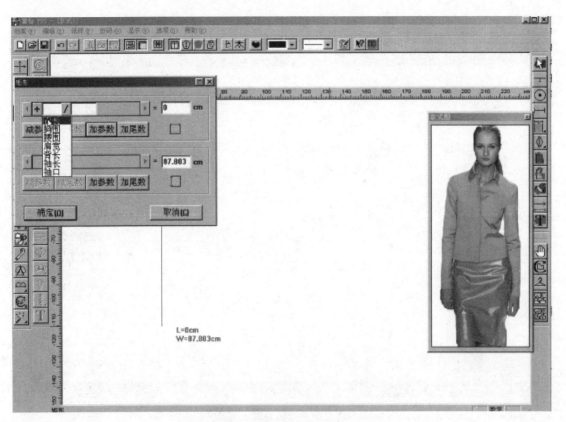

图1-14 富怡参数法绘制女衬衫

2.原型设计法

如果绘制款式变化较大的服装结构图，可先用比例法绘制出原型或者款式，再进行各部位的款式变化，完成结构图设计，如图1-15所示。

3.经典设计法

当款式变化不大且服装结构十分复杂时，可以采用经典设计法，即利用已有的设计资源加上必要的"修改"，包括尺码参数修改、图形参数修改、造型与结构修改等，如图1-16所示。

4.基础设计法

当进行某类服装款式变化时，不是进行整体的调整，而是通过某个局部的结构变化，且当此设计有一定的变化规律时，可以将服装的主体结构设计好并保存为"基础型"，在此"基础型"上进行局部结构的调整，快速完成特定款式的结构设计，如图1-17所示。

5.结构连接设计法

结构连接设计法则充分利用数据库和结构软件功能进行结构图设计，设计师只要在数据库里选择合适款式的结构部件，按照一定的规则进行移动、修改、连接等操作，就可完成结构图的设计，如图1-18所示。

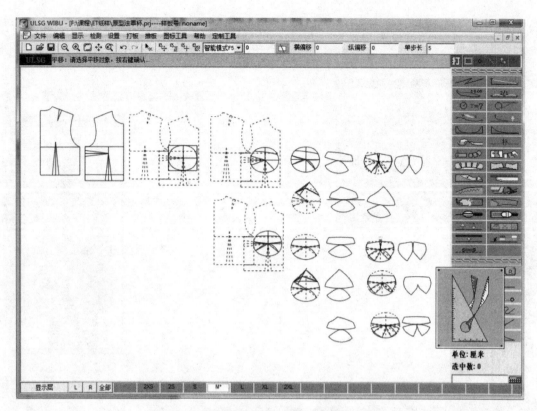

图1-15　ET原型设计法绘制文胸罩杯结构图

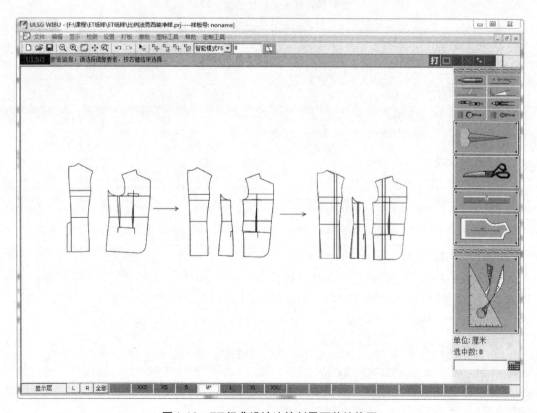

图1-16　ET经典设计法绘制男西装结构图

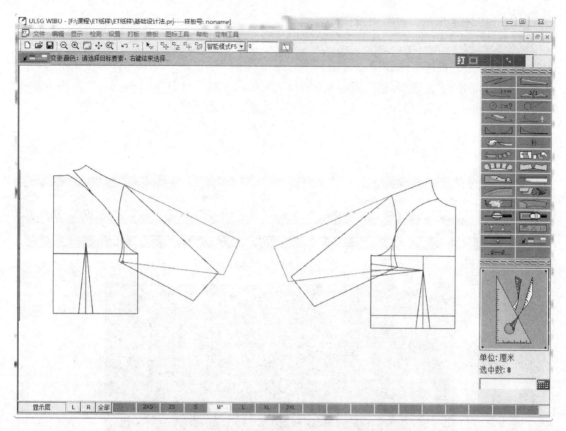

图1-17　ET基础设计设计法绘制插肩袖结构图

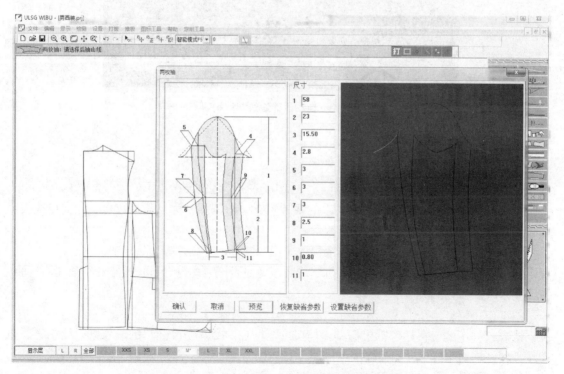

图1-18　ET结构连接设计法绘制西装袖结构图

6.自动设计法

同一类服装往往存在一定的共性，因此可以根据服装的共性和特性建立纸样库，并将样板师的经验总结为推理机制和计算方法且作为规则存放在数据库中，操作者仅仅需要进行一些直观而简单的描述，选择确定服装细部的款式与结构，然后计算机将根据用户所选的结构特征查找数据库，使用规则和数据进行一系列的推断，自动生成合理的服装纸样，如图1-19所示。

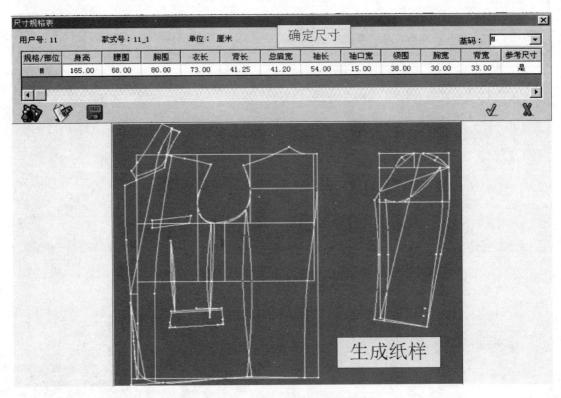

图1-19　自动设计法绘制结构图

二、服装成衣纸样设计

服装结构图转化为用于裁剪和缝制过程中的成衣纸样还需要做以下处理，如图1-20所示。

（1）增加符合裁剪要求和工艺要求的裁片资料，如裁片名称、裁片数量、经向布纹线、对位点等。

（2）需根据工艺要求和面料特点选择各部位的缝份，并做好缝边夹角的处理。

（3）各拼缝部位的拼合检查，如拼缝之后接角是否圆顺、缝合部位尺寸和容量是否符合缝制要求等。

（4）口袋位、打孔位等符号的标识。

成衣纸样上的资料还可以根据具体情况酌情增加内容。完成面料的成衣纸样绘制之后，再由面料结构图生成里料和衬料的结构图，并转化为成衣纸样。其他生产用定型纸样、修正纸样、定量纸样、定位纸样都可以用结构图根据具体情况生成。

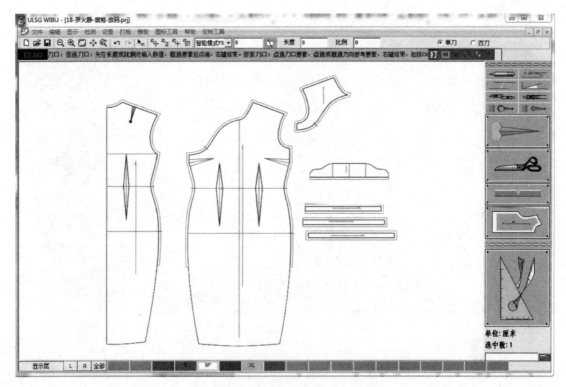

图 1-20　ET 绘制旗袍面料成衣纸样

第四节　服装数字化技术 CAGD

服装数字化技术 CAGD 是利用计算机技术结合服装放码原理及规则对基础服装样板进行放缩，系统生成各种号型的成套标准生产用样板。工业化成衣生产中往往为了满足不同身高和体型的消费者的要求，同种款式的服装会生产多种规格的产品并进行批量生产。通常先绘制中间尺码的结构图并生成成衣纸样，再通过服装放码技术进行科学计算、放缩得到所有尺寸规格的一整套成衣工业纸样。

一、数字化工业放码设计流程

在进行工业放码时，首先在服装 CAD 软件里设置号型及尺寸表输入，所有放码部位的规格尺寸，如图 1-21 所示。规格尺寸的设置要满足多数消费者的体型和尺寸要求，并符合企业的生产能力。规格尺寸系列包括号型规格（国家号型标准中指定号型）、成品规格（服装产品的主要部位尺寸系列）、配属规格（服装配属部位尺寸系列）。

再根据系统提供的放码方法进行逐点和裁片的放码操作，如图 1-22 所示。

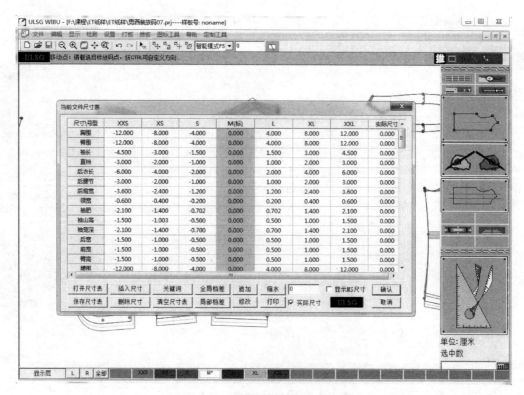

图1-21　ET放码规格尺寸表设置

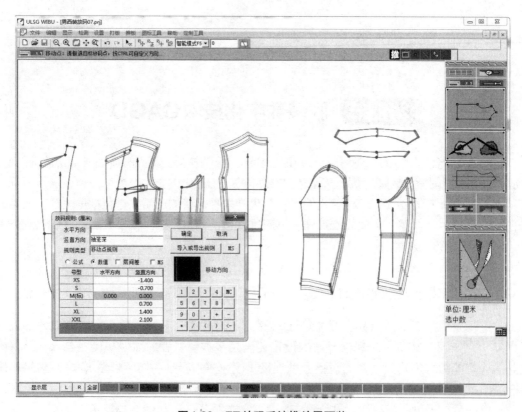

图1-22　ET放码系统推放男西装

二、数字化工业放码方法

在CAPD系统中利用计算机技术模拟人工放码方法设置工具和功能，使放码过程快速、准确、灵活；还可以借助数据库技术将放码规则、原理、历史资料等存储在计算机里，放码工程师可以根据具体款式和要求调取数据库里的资料，从而避免大量的重复性工作，大大提升了放码环节的工作效率。

常见的数字化工业放码方法有以下6种。

1.点放码

点放码是逐个选择放码点，分别输入该点水平方向和竖直方向的放码量，系统自动生成各号型的工业样板。放码点的放码量可通过目视法、比值法、比例法等方法计算得到，如图1-23所示。

2.线放码

线放码也叫等分法，是绘制出成衣纸样的最大码和最小码，将对应点用直线连接并等分，再将各等分点连接起来，生成各号型工业样板，如图1-24所示。

3.切开线放码

切开线放码是指利用软件提供的水平切开线、竖直切开线和垂直切开线将样板进行假想切开，输入每条切开线的切开量，保持切开量的总和符合各号型档差规则，系统将自动生成各号型工业纸样，如图1-25所示。

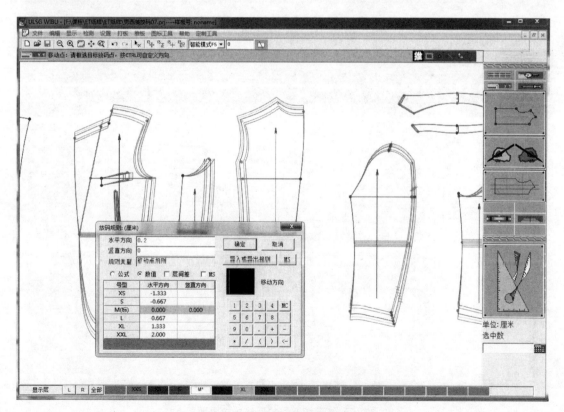

图1-23 ET点放码法推放男西装

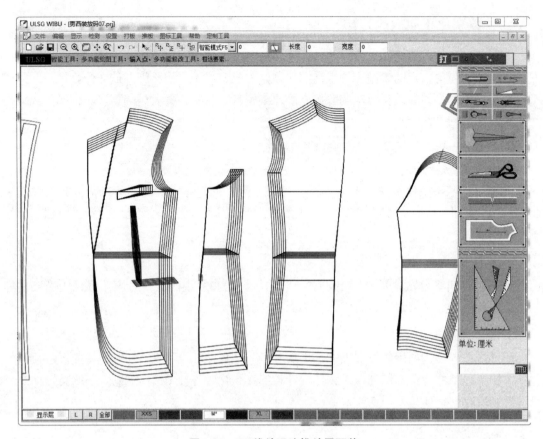

图1-24　ET线放码法推放男西装

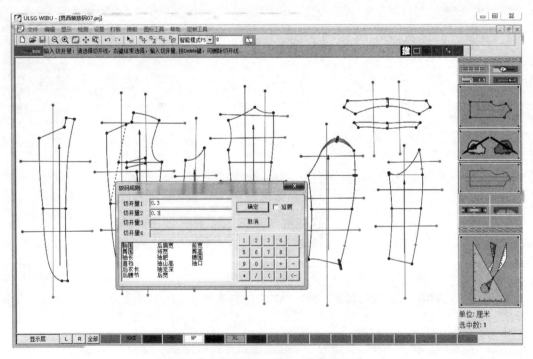

图1-25　ET切开线放码法推放男西装

4.公式放码

公式放码是根据档差分配规则计算出各裁片主要部位的档差值，根据结构图设计过程中的计算公式推算出放码点的放码公式，再将档差值代入放码公式即可得到各放码点的放码量，系统将自动生成各号型工业样板，如图1-26所示。只要通过修改各主要部位的档差值就可以重新生成各号型样板，不必再进行逐个放码点放码量的输入，可以减少很多重复工作。

5.规则放码

规则放码是对于类似款式和相同尺码规格的服装，把已有推放过的板型，将其放码规则复制到所需推放的裁片或纸样文件中，系统将自动完成放码过程，如图1-27所示。这样的功能模块非常适合返单生产模式，减少了重复操作，加快了生产效率，降低了生产成本，保证了推放效果和操作质量。

常见的规则放码方法有点规则复制、片规则复制、文件间规则复制、分割规则复制。

6.自动放码

自动放码是指在放码系统中输入各主要部位号型规格尺寸及档差值，只要按照比例法绘制出结构图并转化为成衣纸样，系统将自动生成各号型工业样板，不需要再进行放码过程的操作，如图1-28所示。

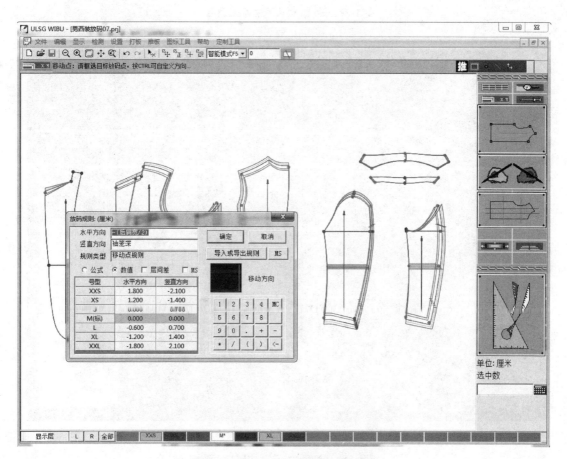

图1-26 ET公式放码法推放男西装

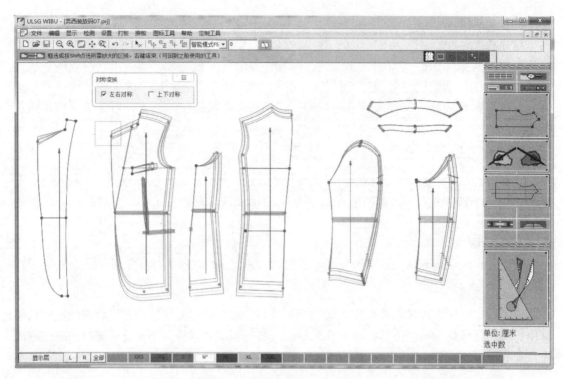

图1-27　ET规则放码法推放男西装

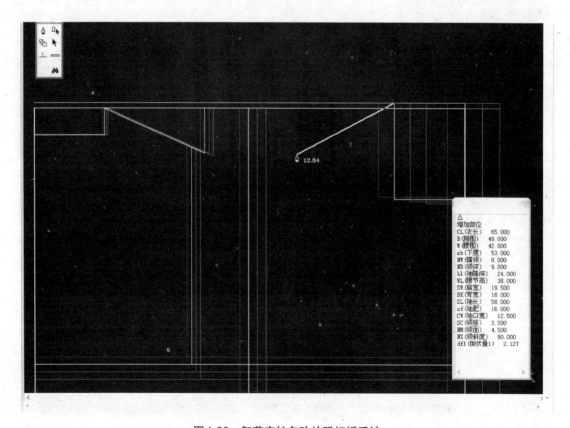

图1-28　智尊宝纺自动放码打板系统

第五节 服装数字化技术CAMD

服装数字化技术CAMD是指利用计算机技术模拟裁床，结合排料原理和规则对裁剪用服装样板进行合理的排列，生成排料图。服装CAMD技术将技术人员从繁重的排料工作中解脱出来，大大提高了排料工序的工作效率，还降低了排料的错误率和漏排率，同时还可以提升面料利用率，从而节约面辅料成本。

一般CAMD系统可分为交互式排料和自动排料两大类。

一、交互式排料

交互式排料是指由操作者通过人机交互的方式操作不同款式及型号的裁片进行排料。技术人员先将全部待排裁片显示在系统里，根据排料要求进行裁片的平移、旋转、翻转等操作完成排料。系统会随时显示排料的结果，如排放的裁片数、待排裁片数、用料长度、利用率等信息，如图1-29所示。

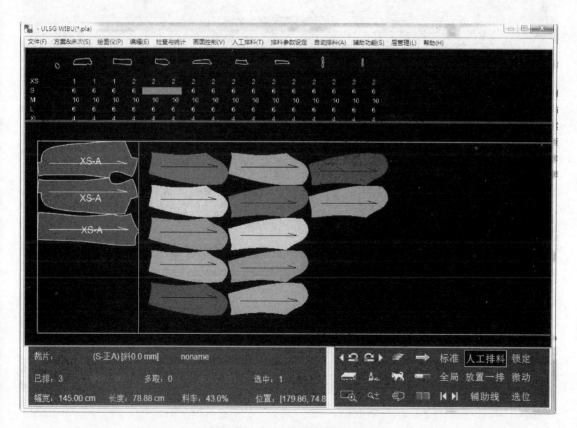

图1-29 ET交互式男西装排料

二、自动排料

自动排料是指操作者输入全部待排裁片和排料要求，排料系统按预先设置的数学计算方法和裁片配置方式，让裁片自动寻找合适的位置，系统自动完成排料过程，如图1-30所示。自动排料可按照操作者的参与度分为半自动排料、全自动排料、智能自动排料等多种形式。

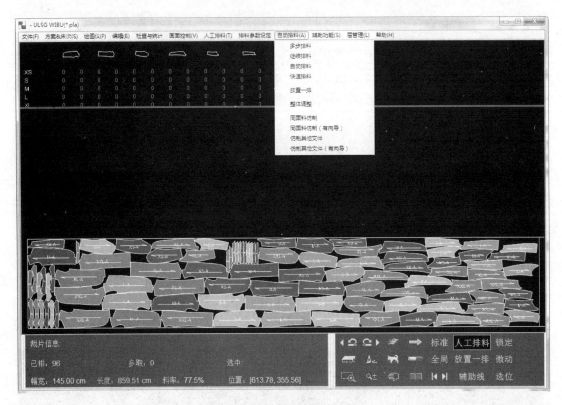

图1-30　ET自动男西装排料

第六节 服装数字化技术CAT

服装数字化技术CAT是指利用计算机技术及测量设备获取人体形态及各部位尺寸，用以量身定制、制定号型标准、电脑试衣等，服装CAT技术越来越广泛地应用于服装生产和销售过程。

一、三维人体测量原理

三维人体测量的原理是通过计算机对多台光学三维扫描仪进行联动控制，如图1-31和图1-32所示，利用光学测量技术、计算机技术、图像处理技术、数字信号处理技术等进行三维人体表面轮廓的非接触自动测量，在几秒内对人体全身或半身进行多角度多方位的瞬间扫描，再通过计算机软件实现自动拼接，获得精确完整的人体各部位数据，如图1-33所示。

图1-31　Cyber Ware全身彩色3D扫描仪

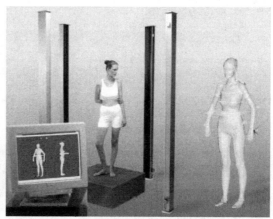

图1-32　Vitus Smart激光扫描系统

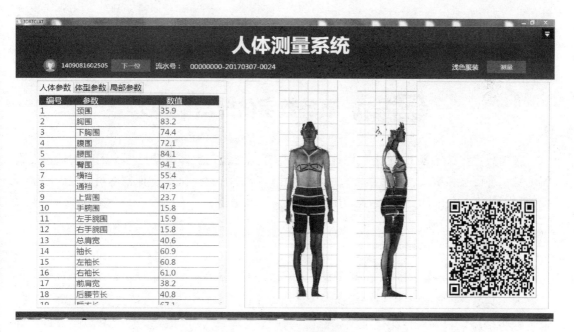

图1-33　三维人体扫描数据展示

　　三维人体测量获得的人体部位数据可以多达100个以上，根据这些数据可以描绘出人体表面的轮廓、凹凸、体型特点等，可以应用到很多领域，如跟人体有关的生活用品（沙发、座椅等）。

二、三维人体测量技术的应用

1.量身定制

　　通过三维人体测量技术获取顾客的人体各部位尺寸之后，可以直接输入到服装结构制图软件，将已有纸样修改为符合顾客体型特征的纸样，从而实现服装的量身定制，这种方式尤其适合特殊体型的顾客。同时基于三维人体测量设备扫描速度快、精确度高、数据量大且易于网络传输等特点，使得批量定制成为可能，且大大缩短了定制时间。

2.标准板型制定

通过快速收集大量的消费人群的人体数据，并进行汇总分析之后，可以获得消费人群的标准号型，更有利于设计生产符合消费者需求的服装板型，提升消费者的满意度。国家也可以通过这种方法收集人体数据，进行服装标准号型的制定和修改。这些数据还可以用于制定标准人台等。

3.电脑试衣

在销售终端配置三维测量设备，通过扫描得到顾客的人体数据和体型特征，建立虚拟模型，顾客就可以将店铺里的服装款式进行虚拟试穿，通过观察不同款式、颜色、面料、搭配等的效果从而进行选择。这种方式可以减少消费者的试衣次数，改善消费者的消费体验。

4.其他行业的引用

三维人体测量技术不仅可以将测量结果应用于服装行业，还可以应用于与人体相关的其他行业，如鞋、帽、手套等服饰配件的设计，桌椅、沙发等生活用品的设计，动漫人物造型设计等，还可用于医学上人体健康状况的分析和研究等。

第七节 服装数字化技术VGD

服装数字化技术VGD是指利用计算机技术模拟服装在人体运动过程中的穿着状态及现实场景，进行服装款式、服装展示、销售环境等方面的设计，通过虚拟技术可以提前感受服装的穿着状态，使设计更符合实际情况，服装可穿性更强。

一、虚拟服装设计

通过计算机软件提供的色彩库、面料库、动态人体模特库等数据库，利用假缝功能将设计好的服装款式、服装纸样穿着在动态人体模特上，全方位地展示该款式的实际穿着效果，设计师可根据该效果进行具体细节和部位的调整及修改，完成最终的款式和纸样设计，如图1-34和图1-35所示。

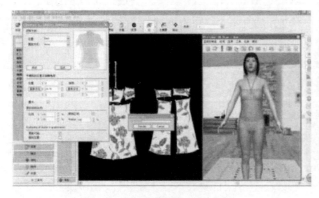

图1-34 微思三维服装设计软件

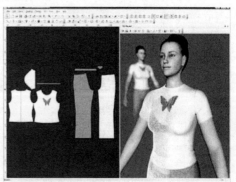

图1-35 PGM三维试衣系统

二、超维视觉设计

传统服装设计的重点在一维的线、二维的面、三维的立体效果的设计，注重款式外轮廓、各部件细节、内部结构线以及面辅料和色彩搭配等方面的设计。而服装是具有礼节性和适用性的，在不同的环境和场合、不同的光照甚至在不同的心情和状态下，都会有不同的变化和要求，因此，现代化的服装设计不仅仅局限于三维以内，更应该结合款式、环境、心理等元素，达到细节与总体、静态与动态、功能与美观、产品与环境、物质与心理等多方面的协调和统一，满足消费者在视觉、听觉、感觉等方面的感官需求，如图1-36所示。

图1-36　超维服装设计——沙滩装

本章小结

　　本章重点介绍了服装数字化技术的概念、应用及发展趋势。服装数字化在现代化的服装生产过程中处处可见，从产品设计、人体尺寸测量、成衣纸样设计、生产工艺设计到产品展示等都有服装数字化技术的存在和应用，如CASD、CAPD、CAPP、CAT、VGD等，其中CAPP在后面的章节里会有详细介绍。服装数字化技术可以帮助服装企业提升产品质量、提高生产效率、降低生产成本、改进生产能力、增加经济效益等。

　　本章重点要求掌握服装数字化技术的概念、各种服装数字化技术的特点和用途、文件形式、操作系统等内容。具体操作方法及软件系统则需进一步学习。

第二章
成衣生产流程设计

第一节　成衣生产流程概述

一、成衣生产流程的概念

成衣生产流程是服装生产过程中所必需的环节。狭义的成衣生产流程指的是服装加工过程中产品在各个工序上的流动顺序，以生产工艺流程图的形式展示加工过程的组成环节和工序、经过的加工顺序等内容。广义的成衣生产流程是指企业从确认订单开始，经过一系列的工作和工序，直至产品生产出来的全部流程。

由于服装企业的产品类型不同，采用的生产方式也会不同，因此，生产过程中所采用的设备、工艺、生产组织形式、生产路线等都会有不同的组合方式，所以生产流程也是灵活多变的。随着新材料、新技术的不断涌现，加工方法和顺序也随之复杂多变，而它的科学性和可操作性将直接关系到加工效率和加工质量。

二、成衣生产流程的构成

不同的企业有着不同的组织形式和管理目标，生产加工方法也会根据产品的品种、款式和要求等制订出特定的加工方法和生产工序，但生产过程及工序基本是一致的，大致分为以下几个阶段，如图2-1所示。

1.生产前准备

生产开始之前，要对生产某一产品所需要的面料、辅料、缝线等材料进行选择配用，并做出预算，同时对各种材料进行必要的物理、化学检验及测试，包括材料的预缩和整理、样品的试制等多项工作，保证其产品投产的可行性。

2.裁剪工艺

一般来说，剪裁是服装生产的第一道工序，它的主要内容是把面料、里料、衬料及其他材料按要求剪切成衣片，包括排料、辅料、算料、坯布疵点的借裁、套裁、划样、剪切、验片等。

3.缝制工艺

缝制是整个加工过程中技术较复杂也较为重要的成衣加工环节，是按不同的服装材料、款式要求，通过科学的缝合，把衣片组合成服装的一个工艺处理过程。所以，如何科学地组织缝制工序，选择缝迹、缝型及机器设备和工具等都是十分重要的。

4.生产流水线设计

根据不同的品种和生产方式选择生产的作业方式，并编制工艺规程和工序，根据生产规模的大小设计场地、人员、配备，选择生产设备，形成高效率、高质量的最佳配置形式。

从整个成衣生产过程看，随着计算机技术在服装领域应用的广泛和深入，如布料的检验、纸样推档、排料、衣坯剪切等工作被自动化替代，使这些工序逐步从劳动密集型转变为技术密集型，但缝纫、熨烫工序还需要大量的人工劳动，其使用的机械设备占整个成衣生产需要的大部分。

总之，成衣生产流程要达到高效益、高品质，必须因地制宜，按产品的种类、质量要求、设备经济能力、工人技术、管理水平、交货日期等，合理地制订生产流程，如图2-2所示。

5.熨烫塑形工艺

熨烫塑形是对成品或者半成品，通过控制温度、湿度、压力、时间等条件进行的操作工艺，使织物按照要求改变其经纬密度及衣片外形，进一步改善服装立体外形。它包括研究湿热加工的物理、化学特性以及衣片归缩、拉伸塑形原理和手工机械进行熨烫的加工工艺方法、定型技术要求等内容。

6.成品品质控制

成品品质控制是研究使产品达到计划质量与目标质量相统一的一系列控制措施，包括研究特定产品在加工过程中可能产生的质量问题，并研究制订必要的质量检验措施。成品品质控制是使产品质量在整个加工过程中得到保证的一项十分必要的措施和手段。

7.后整理

后整理包括包装、储运等内容，是整个生产过程中的最后一道工序，也称后处理过程。它必须根据不同的材料、款式和特定的要求采取不同的折叠和整理形式；同时研究不同产品所选用的包装、储运方法，还需要考虑在储藏和运输过程中可能

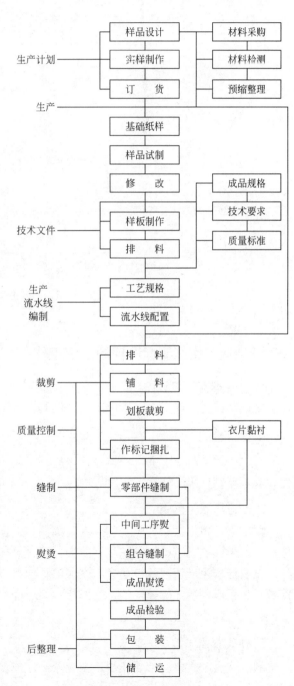

图2-1 成衣生产流程

发生的产品损坏和质量影响，以保证产品的外观效果及内在质量。

8.生产技术文件的制订

生产技术文件包括总体设计、商品计划、款式技术说明书、产品规格表、加工工艺流程图、生产流水线流程设置、工艺卡、质量标准、标准系列样板和产品样品等技术资料和文件。

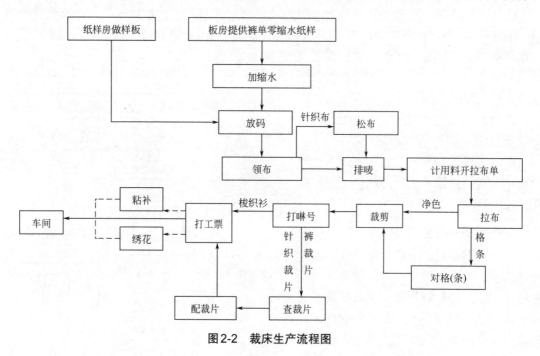

图2-2　裁床生产流程图

三、成衣生产流程设计的前期工作

成衣生产流程设计的前期工作包括签订合同、制订样衣工艺单、确认样衣、制作生产样、客户确认生产样、制订订单工艺文件等，其中工艺单制订是成衣生产的重点。

1.签订合同

合同中确定服装产品的款式、尺码、数量、价格、交货期、违约条款、品质要求等内容，是企业制订生产计划、安排生产过程、编织生产用文件等工作的基础性文件。

2.制订样衣工艺单

样衣工艺单相对于订单工艺文件要简单些，但准确的样衣工艺单是订单工艺文件的参考依据。如果样衣工艺单做得完整、详细，可直接转成订单工艺文件。

一般样衣生产工艺单包括生产企业名称、订单号、交货日期、款式名称、款式编号、生产数量、正反面及细部款式图、规格指示表、面料小样名称、面料成分、辅料小样名称性能说明、工艺说明、包装方法等。

3.确认款式样

服装产品款式样通常委托生产企业全部完成，即订单中所有面料及辅料都由生产企业提供或制造。

4.制作生产样

生产样的面辅料必须是大货面辅料，所以在制作产前样之前，面辅料必须经客户确认。

5.客户确认生产样

生产样需要经过多次确认，有时客户确认的时间较长，这些都将影响整个跟单计划的进行。因此，为了使合同顺利履行，跟单员应主动与客户联系，适时提醒、督促客户。

6.制订订单工艺文件

服装产品的订单工艺文件是一项最重要、最基本的技术文件，它反映了产品工艺流程的全部技术要求，是指导产品加工的技术法规，是交流和总结生产操作经验的重要手段，是产品质量检验的主要依据。制订订单工艺文件要求完整、准确、适用。

第二节　成衣生产工艺分析

成衣生产流程中的缝制过程是依据服装款式、服装结构的要求，将各部分衣片缝合成半成品，再将半成品组装缝制成一件完整的成衣。由于各企业生产的产品类型、款式及批量不同，因此，缝制过程的流程设计也会不同，并且直接关系到生产效率和生产成本。合理安排缝制工序过程，首先要根据产品类型和批量进行缝制工序划分。

一、成衣生产流程的工序构成

虽然成衣生产流程随着生产条件、服装款式的不同而有所差异，但都是由作业、检验、搬运和停滞四类工序构成。

1.作业（加工）工序

作业（加工）工序包括有目的地改变物体的物理或化学特性，将物体进行装配或拆分，为另一个工序做准备，接发信息、指令、计划、核算等工作。生产前的作业工序包括签订订单、分析订单、制作样衣、制版、排料、铺料、裁剪、捆扎等，缝制阶段的作业工序包括车缝、熨烫等；后整理阶段的作业工序包括洗水、修剪线头、整烫、包装等。

2.检验工序

检验工序是指利用一定的工具、设备、方法和手段，参照预先制定好的标准，对生产流程中的部件、半成品和成品进行检查和判断，以保证产品质量、减少损失。在成衣生产流程中，根据检验的对象可以分为样板检验、裁片检验、半成品检验和成品检验等；根据检验的数量可分为全数检验和抽样检验；根据检验的地点可分为集中检验、巡回检验、现场检验、送检等。

3.搬运工序

搬运工序是指在生产流程中改变生产对象的空间位置。搬运必须满足安全、及时、经济、保质保量等要求。在成衣生产流程中，根据搬运的数量可分为单件搬运、批量搬运；根据搬运的人员可以分为专人搬运、自行搬运、自动搬运等。

4.停滞工序

停滞工序是指在生产流程中生产对象的空间位置、外观形态等没有改变。在成衣生产流程中，停滞工序是必须设置的，各工序之间、各车间之间、各生产环节之间都可能存在不协调、不平衡、不连贯等问题，如果不设置停滞工序就有可能造成生产停顿、产品质量问题、生产计划变更等情况发生。

二、成衣缝制方式划分

成衣的缝制过程有很多方式，有的企业是一个人独立完成整件服装的缝制过程，但是这种生产方式需要工人具有较高的工艺技术，生产效率较低，产品质量不稳定，生产成本较高，因此，只适合款式变化多且批量较少的产品。而大批量生产时为了提高生产效率、统一品质、降低生产成本，大部分企业会将缝制过程进行工序划分和分工生产。

根据缝制工序划分的粗细程度，成衣缝制方式可分为以下几种。

1.单独整件生产

单独整件生产一般是指由一个熟练工人完成整件服装的缝制过程。单独整件生产只需要简单和必要的生产设备，如锁眼、钉扣、绣花等特殊工序由专人完成。这种缝制方式对工人的技术要求很高、生产效率较低、生产成本较高、产品质量不统一，因此，只适用于款式多批量少的产品。

2.小分科

将成衣缝制过程按成衣的结构和惯用生产过程分为几个独立的大工序（部门），并独立完成该工序的生产，如图2-3所示。例如，男西装分为前片、小片、后片、衣袖、衣领、口袋等制作工序，然后将各部件的半成品在组装工序中缝合成完整的西装。

3.大分科

将成衣缝制过程按照工艺顺序不断细化成较小的工序，由每个工人完成一个或几个工序。例如，上衣的缝制过程可分为前衣片、后衣片、袖子、领子等，袖子再分成缝袖衩、缝袖克夫两道工序，袖克夫工序再分成敷衬、缝袖克夫、翻袖克夫、熨袖克夫、缉明线等几道工序，各道工序由一个人或多个人独立完成。每道工序生产出的半成品最后组装缝制成一件成衣，如图2-4所示。

三、成衣缝制工序分析

不同的缝制方式将导致缝制工序划分的粗细程度不同，因此，在企业确定了产品的缝制方式之后才可以进行工序分析、制订成衣生产流程。

1.产品工序流程分析

对照工序流程图表，结合企业的设备、工人及产品等的特点，运用方法研究分析整个生产流程中的各个工序存在的问题和调整的可能性，寻求调整和改进的措施。

按照"4H1W"顺序对各个工序进行提问和分析，考虑是否可以通过取消、重排、合并和简化四个改进技巧进行工序流程的调整和改进，如图2-5所示。

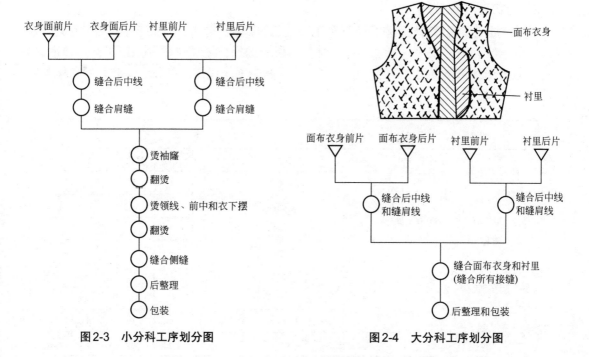

图2-3　小分科工序划分图　　　　图2-4　大分科工序划分图

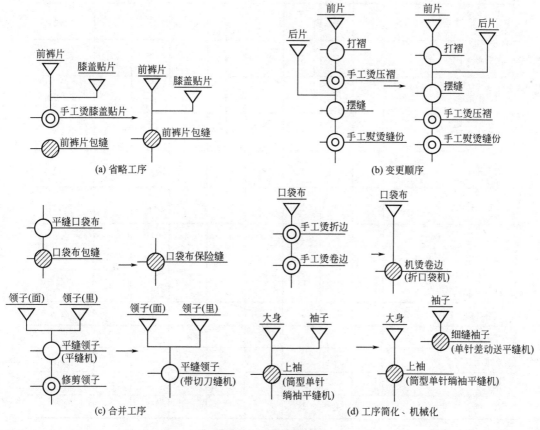

(a) 省略工序　　　　　　　(b) 变更顺序

(c) 合并工序　　　　　　　(d) 工序简化、机械化

图2-5　工序改进技巧

2.产品工艺工序分析

通过对加工、搬运、检验和停滞四种工序工艺的调查和分析，记录工序的加工时间、移动距离等内容，填入工序分析表，并清楚标出所有的操作是属于哪种工序工艺，如图2-6所示。通过观察和分析工序工艺分析表可以设法减少工序或作业次数、作业时间和移动距离等。

改进后的工艺流程图			汇　总　表					
			项　别		现行	建议	节省	
产品：BX487产品1箱(每箱12件)			操作 ◯		3	2	1	
			运送 ⇨		11	6	5	
操作：接受检验及点数并存于货架上			等待 ◻		7	2	5	
			检验 □		1	1	—	
方法：现用/建议			储存 ▽		1	1	—	
地点：成品库			距　离		47	32	15	
操作者：＿＿＿　编号：＿＿＿			时间	h/人	1.96	1.16	0.80	
绘图：＿＿＿　审定：＿＿＿			人工	元	3.24	1.92	1.32	

说　明	数量	距离(m)	时间(min)	◯	⇨	◻	□	▽	附　记
从车上提起，放于斜面		1	⎫		●				工人2名
由斜面滑下		6	5		●				工人2名
放上手推车		1	⎭		●				工人2名
车推到开箱处		6	2		●				工人2名
取下箱盖		—	1	●					工人2名
车推至接收台		9	2		●				工人2名
等待卸车		—	5			●			
从箱中取出成品，放上点数台，对照检查		—	18				●		检验员
点数及放入箱内		—	5	●					库员
等待运送		—	5			●			
车推至分配点		9	2		●				工人1名
储　存		—						●	
合　计		32	45						

图2-6　产品工艺工序分析表

第三节 成衣生产工艺流程图设计

通过对产品的缝制方式、工艺流程、工序工艺的分析和调整，制订出符合企业生产特点和能力的成衣工艺流程，并以流程图的形式展示。流程图可以清晰反映出工序的数量和顺序等，可以使生产过程系统、有序的进行。

一、成衣生产工艺流程图

1.生产工艺流程图概念

生产工艺流程图又称缝制流程图，是以服装产品为对象，运用符号描述产品在缝制过程中的流动状态，展示服装的加工顺序，指出各工序及工艺阶段之间的相互关系，告知各工序需要的设备及生产时间标准，为缝制车间的生产管理提供基础信息。生产工艺流程图可以用来表示工序之间、工艺阶段之间的关系，以及其他类似的因素，如移动距离、操作工序、工作与间断时间、成本、生产数据和时间标准等，目的是了解产品从原料开始到成品形成的整个生产过程。

2.生产工艺流程图的内容

缝制生产工艺流程图应包括所有的缝制工序、所需设备、工序时间等，并按生产顺序将各工序排列成一个完整的生产流程图，同时需附加以下资料。

（1）生产设计图。将要缝制的服装款式用平面款式结构的形式展示出各部件之间的缝合关系。

（2）款式说明。将需要缝制服装的各部位进行说明，必要时可用结构图结合文字说明体现出来。

（3）生产流程图。生产工艺流程顺序图示。

（4）工序明细表。以表格形式清楚地列出工序编号、工序明细、线迹种类、缝型结构、品质要求、工序图样等。

3.编写成衣生产流程图应考虑的因素

（1）机械种类及设备性能。

（2）尽量减少运输、缝制时间，提高生产效益。

（3）控制生产流量，减少瓶颈现象，方便管理。

（4）各部位裁片、辅料的输送。

（5）厂房的布置、设施。

（6）生产成本。

（7）评估成衣生产时间。

（8）生产线优化组合。

（9）生产线的平衡及同步生产方式。

二、成衣生产工艺流程图设计

1.生产工艺流程图常用符号（图2-7）

（1）"▽"。表示裁片或辅料，通常用在流程图的起点。符号的大小可以表示裁片的大小或主次。当"▽"出现在流程图中间时表示半成品处于不加工、不检验、不搬运等状态，是有计划、有目的的存储或等待。

（2）"○"。表示加工工序，指在生产过程中对裁片进行变形、组合或者分解等操作活动，如裁剪、车缝、熨烫等。

根据加工工序采用的设备和方法不同，"○"又可细化成更多相关的符号，如图2-7所示。

（3）"◇"。表示检验工序，如裁片检验、半成品检验、成品检验等。

记　号	符号说明	记　号	符号说明
○	平缝作业或平缝机	 ⊰	锯齿形缝纫机(作业)
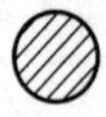 ◑	特种缝纫机（作业）、特种机械	 ⊕	双针加固缝
 ◎	手工作业或手工熨烫	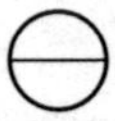 ⊖	单针链缝
 ◍	整烫作业	 ⊜	三针加固缝
 ⊪	双针针送式缝纫机	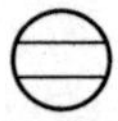 ⊜	双针链缝
 ⫴	双针针送式中间带刀式缝纫机	 ⊞	双针包缝
 ⊥	平头锁眼机	 ⌇	套结机
 ○̸	小圆头锁眼机	□	数量检查
 ○̸	圆头锁眼机	 ◇	质量检查
 △	表裁片、衣片、半成品停滞	 ▲	成品停滞

图2-7　生产工艺流程图常用符号图示

2.生产工艺流程图的绘制原则

生产工艺流程图展示了产品从裁片开始到成品的生产工序过程，为企业各相关部门提供生产信息，如设备、人事、财务、生产管理等，因此，在流程图的设计和绘制过程中需遵守以下原则。

（1）每个部件用符号"▽"表示开始，按工序流程绘制部件的加工工序记号，用符号"△"表示工序结束。

（2）整个生产过程的工序流程图用垂直线表示，材料、零部件的进入用水平线表示，两线之间不能相交。

（3）选择作业线上操作次数最多的零部件作为基准件，将该零部件的作业程序绘于图的最右侧，作为基准作业线，然后在顶端向左绘一条水平线，以表示材料、零部件进入作业线，以后的裁片部件可按顺序绘制出操作、检查的内容。

（4）按生产流程图的绘制方法把各工序的材料数量、内容、顺序号、所用工具和设备、定额时间等标出来。

（5）操作和检查按出现的顺序分别编号，遇到水平线时，转到水平线上的作业线继续编制。

3.生产工艺流程图的绘制方法

（1）裁片及辅料配置方法。根据裁片和辅料的大小及主次顺序，常用的配置方法有四种，如图2-8所示。

（2）工序加工条件。各个工序的工艺操作方法不同，需要的设备也不同，因此，在绘制各个工序时需给出工序名称、设备名称及型号、标准生产时间及工序顺序等内容，如图2-9所示。

（3）工艺流程图框架。一般以操作次数最多的裁片的加工顺序为主线，其他裁片的加工顺序为支线设计框架，如图2-10所示。

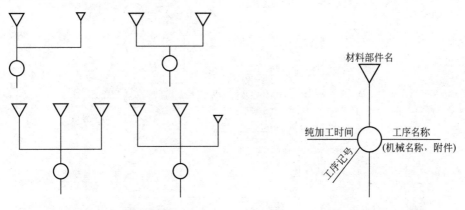

图2-8　裁片及辅料配置方法　　　　　　图2-9　工序加工条件

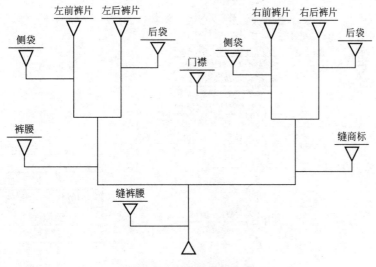

图2-10　工艺流程框架图

（4）工艺流程图绘制。通过工序分析确定工序名称、数量、顺序、使用的设备、标准时间等内容，将框架图细化成工艺流程图，如图2-11所示。

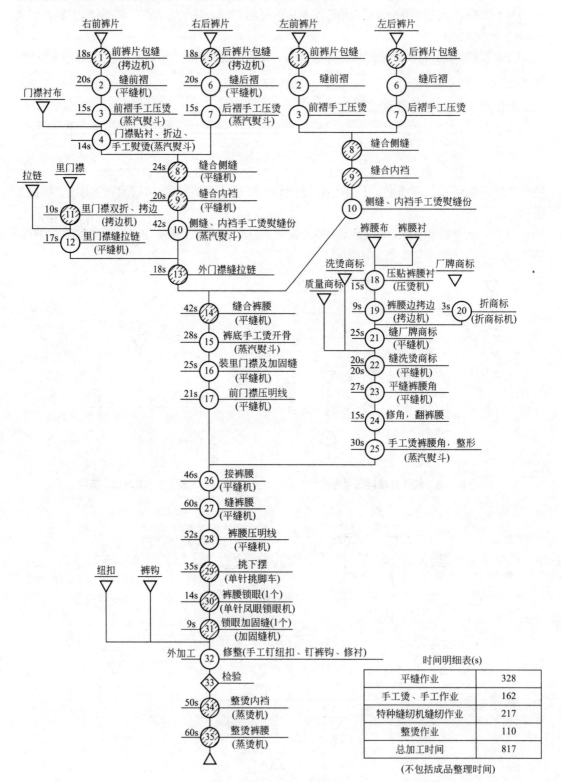

图2-11　女长裤工序流程图

时间明细表(s)	
平缝作业	328
手工烫、手工作业	162
特种缝纫机缝纫作业	217
整烫作业	110
总加工时间	817

(不包括成品整理时间)

 本章小结

　　本章重点介绍了成衣生产流程的基本概念、构成及前期准备工作，以及成衣工艺流程的设计过程，即成衣缝制工序的划分方法，成衣工艺流程图的符号、原则和要求、绘制方法等。成衣工艺流程根据服装企业的产品类型和采用的生产方式的不同，可采用不同的设备、工艺、生产组织形式、生产路线等的组合方式。

　　本章重点要求掌握成衣生产流程的概念和构成，工艺流程图的设计过程，并能够独立完成某件产品的生产工艺流程图的设计，做到科学、合理、高效并具有可操作性。

第三章

成衣工业样板设计

第一节 成衣工业样板概述

成衣化工业（Ready-made Industry）产生于19世纪初，是随着欧洲资本主义近代工业的兴起而发展起来的。随着具有实用价值的各种缝纫设备的相继问世，制作服装由单纯的手工操作过渡到机械操作，服装成衣生产方式逐步由手工个体形式或手工作坊的生产方式发展成为工业化生产方式，已成为具有一定现代化生产规模的劳动密集型生产体系。虽然工业化成衣生产已成为现代服装生产的主要方式，它的工艺加工方法也日益变得成熟和完善，但它的重要环节——工业纸样（样板、纸型）是实现这一方式的先决条件。

一、工业样板定义

服装工业样板是企业从事服装生产所使用的一种模板。它是将服装的立体形态按照一定的结构形式分解成的平面型板。服装工业样板在排料、划样、裁剪、缝制过程中起着模板、模具的作用，能够高效而准确地进行服装的工业化生产，同时也是检验产品形状、规格、质量的依据。服装工业化大生产的显著特点是批量大，且分工细致、明确。这就要求贯穿于服装工业生产全过程的样板必须达到全面、系统、准确、标准。

1.服装工业制板

服装设计是包括造型设计、结构设计、工艺设计的系统工程。在这一系统工程中，由分解立体形态产生平面制图到加放缝份产生样板的过程，即是服装工业制板。服装工业制板是一项认真细致的技术工作，它能够体现企业的生产水平和产品档次。具体地说，服装工业制板是提供合乎款式要求、面料要求、规格尺寸和工艺要求的一整套利于裁剪、缝制、后整理的纸样（Pattern）或样板的过程。

款式要求是指客户提供的样衣，或经过修改的样衣，或款式图的式样。

面料要求是指面料的性能，如面料缩水率、面料的热缩率、面料的色牢度、面料的倒顺毛和面料的对格对条等。

规格尺寸是指根据服装号型系列而制订的尺寸或客户提供生产该款服装的尺寸，它包括关键部位的尺寸和小部件尺寸等。

工艺要求是指熨烫、缝制和后整理的加工技术要求，如在缝制过程中，缝口是采用双包边线迹还是采用锁边（包缝）线迹等不同的工艺。

2.服装工业推板

服装成衣生产的首要条件是同一款式的服装能够满足不同消费者的要求。由于不同消费者的年龄、体型特征、穿衣习惯不同，所以同一款式的服装需要制作系列规格或不同的号型。工业推板就是指以中间规格标准样板为基础，兼顾各个规格或号型系列之间的关系，通过科学的计算，正确合理地分配尺寸，绘制出各规格或号型系列的裁剪用样板的方法，也称推档或放码。

二、工业样板作用

服装工业样板，是服装生产裁剪和缝制过程中的技术依据，是产品规格质量的直接衡量标准，起着标准模具和板型的作用。推板和制板是服装工业化生产的重要技术准备工作。打制样板质量的优劣，会直接决定或影响裁片和成品的质量。

1.造型严谨且变化灵活

现代服装生产向着小批量、多品种、个性化的方向发展，利用服装工业样板能够对服装的结构及外观进行灵活多样的变化，并且变化过程中会免除一些烦琐的计算，通过对样板的剪接产生新的结构形式或外观造型。

2.提高生产效率

服装的生产效率直接影响企业的生产成本及经济效益，服装工业样板作为工业生产的模板，应用于裁剪、缝制、后整理各个工序中，对于提高生产效率发挥着巨大的作用。可以说没有服装工业样板，就没有今天的服装工业化大生产。服装工业样板已经成为衡量企业技术资产的一项主要依据。因此，作为一名服装设计师，若想使自己的设计作品适应市场及生产的需要，熟练掌握服装工业样板的制作技术是非常必要的。

3.提高面料利用率

利用服装工业样板进行排料，能够最大限度地节约用料，降低生产成本，提高生产效益。在排料过程中，将不同款式或不同规格号型的样板套排在一起，使衣片能够最大限度地穿插，从而达到提高面料利用率的目的。

4.提高产品质量

在现代服装工业化生产中，服装样板几乎贯穿于每一个环节，从排料、裁剪、修正、缝制、定形、对位到后整理，始终起着规范和限定作用。因此，从工业流水线上生产出的服装，标准统一、质量有保证。

三、工业样板类型

服装工业样板不仅要求号型齐全而且要结合面料特性，裁剪、缝制、整烫等工艺要求，制作出适应生产每一环节的样板，工业样板按其用途不同可分为裁剪样板和工艺样板两大类。

（一）裁剪样板

裁剪样板主要用于批量裁剪中排料、划样等工序的样板。裁剪样板又分为面料样板、里料样板、衬料样板及部件样板。

1.面料样板

用于面料裁剪的样板。一般是加有缝份和折边量的毛样板。为了便于排料，最好在样板的正反两面都做好完整的标识，如纱向、号型、名称、数量等。要求结构准确，纸样标识正确清晰。

2.里料样板

用于里料裁剪的样板。里料样板是根据面料特点及生产工艺要求制作的，一般比面料样板的缝份大0.5～1.5cm，留出缝制过程中的清剪量，在有折边的部位，里子的长度可能要比衣身样板还少一个折边量。

3.衬料样板

衬布有织造衬和非织造衬、缝合衬和黏合衬之分。不同的衬料、不同的使用部位，有着不同的作用与效果，服装生产中经常结合工艺要求有选择地使用衬料。衬料样板的形状及属性是由生产工艺所决定的，有时使用毛板，有时使用净板。

4.部件样板

用于服装中除衣片、袖片、领子之外的小部件的裁剪样板，如袋布、袋盖、袖头等，一般为毛样板。

（二）工艺样板

在成批生产的成衣工业中，为使每批产品保持各部位规格准确，对一些关键部位及主要部位的外观及规格尺寸进行衡量和控制的样板称为工艺样板。按作用和用法不同，工艺样板基本分为以下4种。

1.修正样板

修正样板用于裁片修正的模板，是为了避免裁剪过程中衣片变形而采用的一种补正措施。主要用于对条对格的中高档产品，有时也用于某些局部修正，如领圈、袖窿等。有些面料质地疏松，容易变形，因此，在划样裁剪中需要在衣片四周加大缝份的余量，在缝制前再用修正样板覆在衣片上进行修正。局部修正则放大相应部位，再用局部修正样板修正。修正样板可以是毛样板也可以是净样板，一般情况下以毛样板居多。

2.净片样板

净片样板主要用于高档产品，特别是对条、对格、对花产品，高档西装、礼服等产品的主附件画剪对比、修剪、净准用（面料经烫缩后的大小、丝缕平服、双片对称、条格相对等进行画剪、修剪和规正），多为毛样板。

3.定量样板

定量样板主要用于掌握、衡量一些较长部位、宽度、距离的小型模具，多用于折边、贴边部位。如各种上衣的底摆边、袖口折边、女裙底摆边、裤脚口折边等，如图3-1所示。

4.定形（扣烫）样板

为了保证某些关键部件的外形规范、规格符合标准，在缝制过程中采用定形样板，一般采用不加放缝头的净样板，如衣领、驳头、衣袋、袋盖、袖头等小部件。定形板要求结实、耐用、不抽缩，有的使用金属材料制作。

（1）画线定形板。按定形板勾画净线，可作为缉线的线路，保证部件的形状规范统一。如衣领在缉领外围线前先用定形板勾画净线，就能使衣领的造型与样板基本保持一致。画线定形板一般采用黄板纸或卡纸制作，如图3-2所示。

（2）缉线定形板。按定形板缉线，既省略了划线，又使缉线与样板的符合率大大提高，如下摆的圆角部位、袋盖部件等。但要注意，缉线定形板应采用砂布等材料制作，目的是为了增加样板与面料间的附着力，以免在缝制中移动。如图3-3所示。

（3）扣边定形板。多用于仅缉明线不缉暗线的零部件，如贴袋、弧形育克等。将扣边定形板放在衣片的反面，周边留出缝份，然后用熨斗将这些缝份向定形板方向扣倒并烫平，保证产品的规格一致，扣边定形板应采用坚韧耐用且不易变形的薄铁片或薄铜片制成。定形样板以净样板居多（图3-4）。

（4）定位样板。为了保证某些重要位置的对称性和一致性，在批量生产中常采用定位样板，主要用于不允许钻眼定位的高档衣料产品。定位样板一般取自于裁剪样板上的某一个局部。对于衣片或半成品的定位往往采用毛样样板，如袋位的定位等。对于成品中的定位则往往采用净样样板，如扣眼位等。定位样板一般采用白卡纸或黄板纸制作，如图3-5所示。

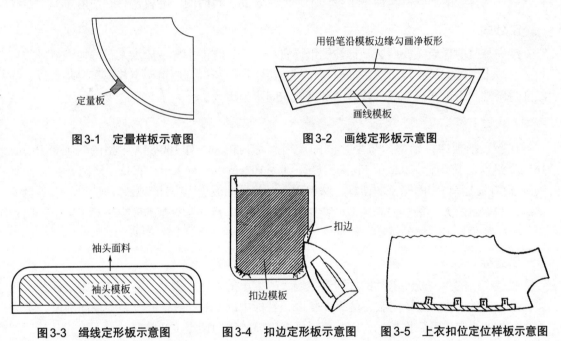

图3-1　定量样板示意图　　　　图3-2　画线定形板示意图

图3-3　缉线定形板示意图　　图3-4　扣边定形板示意图　　图3-5　上衣扣位定位样板示意图

四、工业样板专业术语

1.缝份

缝份又称为"缝头"或"做缝"，是指缝合衣片所需的必要宽度。由于结构制图中的线条大多是净缝，所以在将结构制图分解成样板之后必须加放一定的缝份才能满足工艺要求。

2.缝型

缝型是指一定数量的衣片和线迹在缝制过程中的配置形式。缝型不同对于缝份的要求也不相同。缝份的大小一般为1cm，但特殊的部位需要根据实际的工艺要求确定加放量，常用的有分缝、倒缝、明线倒缝、来去缝、包缝、弯绱缝及搭缝等，具体后有详述。

3.面料

面料是裁剪样板之一，一般是加有缝份和折边量的毛样板，用于服装面料裁剪。为了便于排料，最好在样板的正反两面都做好完整的标识，如纱向、号型、名称、数量等。要求结构准确，纸样标识正确清晰。

4.里料

里料也属于裁剪样板。里料裁剪的样板是根据面料特点及生产工艺要求制作的，一般比面料样板的缝份大0.5～1.5cm，留出缝制过程中的清剪量，在有折边的部位，里子的长度可能要比衣身样板还少一个折边量。

5.衬料

裁剪样板还有一种衬料。衬布有织造衬和非织造衬、缝合衬和黏合衬之分。不同的衬料、不同的使用部位，有着不同的作用与效果，服装生产中经常结合工艺要求有选择地使用衬料。衬料样板的形状及属性是由生产工艺所决定的，有时使用毛板，有时使用净板。

6.纱向

纱向是裁剪样板完成后必须标注的纸样资料之一。它能指导裁床工人正确地进行排放布料。一般来说，排放布料应保证纱向与布料布边平行，所以据此可确定裁剪布料是直纹、横纹还是斜纹。对于要求有顺毛裁剪的布料纱向则更为重要。

7.档差

在服装推板中，相邻两号型之间的规格差称为档差，如160/84A号型的胸围为98cm，165/88A号型的胸围为102cm，其胸围档差则为102cm–98cm=4cm。衣长、肩宽、袖长、领围等部位的档差与胸围档差的计算方法相同。档差是推板过程中计算相邻两档之间放缩量的依据，档差量的大小是根据服装造型特点、人体覆盖率及分档数量的多少来确定的，一般来说，分档数量越多，档差越小，反之则越大。

8.坐标

服装推板的目的是使衣片的面积产生增大或缩小的变化，因此，需要在二维坐标系中完成，坐标中的Y轴一般指向服装的纵向长度，坐标中的X轴一般指向服装的横向围度，坐标原点位置的设定关系到推板的方向，可以根据服装的结构特点灵活掌握。

9.控制点

服装的衣片是由许多不同形状的线条构成的，每两条线都有一个交点，移动一个交点能够同时带动两条线的变化，所以，在推板中，将这些交点称为控制点。服装推板中有主要控制点和辅助控制点两种，其中主要控制点是指决定服装总体规格变化的点，在推板中能够通过计算公式确定放缩量，如肩端点、前颈点、侧颈点、胸围大点等；辅助控制点是决定局部规格变化的点，在推板中没有相应的计算公式，需要根据其与相关部位的比例来计算放缩量，如前后袖窿切点、分割线控制点、部件控制点等。

10.单向放码点

单向放码点是指在推板过程中向一个方向移动的控制点，其前提是该控制点必须位于坐标系的一条轴线上，或者是控制点距离坐标系的一条轴线较近，它的移动量可以忽略不计。另外，有些部件在推板中规格变化不大或者不产生变化时均采用单向放码点。

11.双向放码点

双向放码点是指在推板过程中向两个方向移动的控制点，是服装推板中使用最多的放码点。这种控制点一般是离开坐标系的两条轴线，推板中分别通过 Y 轴和 X 轴两个数据来确定其位置。

12.固定点

在服装推板中不发生移动的点称为固定点，一般是正好处在坐标原点位置的控制点。有时在一些部件推板中也经常出现。

13.分坐标

在确定双向放码点的移动位置时要建立分坐标，即以控制点作为分坐标的原点，按照与主坐标平行的原则分别测量 Y 轴和 X 轴的数值，从而确定该控制点的纵向和横向移动量。

五、工业样板设计基础

（一）服装工业样板的设计依据

1.结构设计的依据

（1）自行设计。在依据服装设计图进行结构设计时，一般应注意以下几个方面。

① 服装设计图是设计师创作服装整体造型的概括性表现。有时为了突出设计师的个性，往往采用夸张的表现手法。因此，在制作样板之前，要认真揣摩设计意图，分析结构特征，在充分理解其造型特征、款式风格以及装饰和配色特点的基础上，选择最科学的结构造型方式。

② 充分理解设计图中线条的造型及用途，将立体形态中的造型线，如直线、曲线、外形轮廓线等，转化成平面形态中的结构线，如省、缝、褶裥、装饰线迹等。有些分割线条的设计既有装饰作用，又有造型功能，如经过胸部的分割线，既增加了服装的美感，又使胸省和腰省融进分割线中。在样板设计中，不仅要考虑线条在平面中的形状，还要考虑服装成形后的立体视觉效果。

③ 充分理解服装各部件间的组合关系和相互间的比例关系，按照部件与整体之间的比例关系来判定具体尺寸。服装中主要部位的长短、宽窄、大小、位置，是以相应部位的人体比例为标准计算的，但是也有些部件没有相关的计算公式，这类部件的造型可以通过反复调整长与宽的比例，来实现与设计图相同的视觉效果，如贴袋、袋口等。还有些部件可以按与其他部位的比例关系来判定其规格，如袋口大小、袋盖宽度、口袋高度、分割线的位置等。

（2）客供样衣。在某些服装订单中，需要对客户提供的样品实物进行原样复制，任何一处的不相符均有可能引起客户的不满而导致产品退货。要使生产的产品最大限度地接近客供样品，在样板设计之前首先要对客供样衣进行由整体到局部的观察和测量，通过对样衣的全面分析，了解其结构特点、工艺要求、面料的塑性特点、分割线的形状及其布局、部件配比与组合情况等，在获得一定的感性认识及相应数据的基础上，再进行样板制作。

2.规格设计的依据

（1）国家服装号型标准。国家服装号型标准是国家对各类服装进行规格设计所做的统一技术规定。"号"是指人体的身高，以厘米（cm）为单位表示，是设计和选购服装长短的依据。"型"是指人体的胸围或腰围，以厘米（cm）为单位表示，是设计或选购服装肥瘦的依据。根据人体胸围与腰围之间的差数大小，将人体划分为Y、A、B、C四种类型。有关体型分类的代号及其胸腰差范围见表3-1和表3-2。服装号型标准中所规定的是人体主要控制部位的净体规格。

国家号型中规定，成年人上装有5·4系列和5·3系列两种，下装分为5·3系列和5·2系列两种。其中前一个数字"5"表示"号"的分档数值，"4"或"3"表示"型"的分档数值。

表3-1　男子体型分类代号及范围　　　　　　　　　　　　　　单位：cm

体型分类代号	Y	A	B	C
胸围与腰围之差数	22～17	16～12	11～7	6～2

表3-2　女子体型分类代号及范围　　　　　　　　　　　　　　单位：cm

体型分类代号	Y	A	B	C
胸围与腰围之差数	24～19	18～14	13～9	8～4

服装产品进入销售市场，必须标明服装号型及人体分类代号。服装号型的标注形式为"号/型+体型分类代号"。例如，男上衣号型170/88A，表示服装适合于身高在168～172cm，胸围在86～90cm的人穿着，"A"表示胸围与腰围的差数在16～12cm的体型。

所谓"中间体"又叫作"标准体"，是在人体测量调查中筛选出来的具有代表性的人体数据。成年男子中间体标准为总体高170cm、胸围88cm、腰围76cm，体型特征为"A"型，号型表示方法为上衣170/88A、下装170/76A。成年女子中间体标准为总体高160cm、胸围84cm、腰围68cm，体型特征为"A"型，号型表示方法为上衣160/84A、下装160/68A。

（2）客户提供的号型标准。因不同国家或地域人的体型特征不同，有时完全依靠本国的号型标准不能满足用户的需要，特别是在接一些外贸订单时，客户一般会提供相应的号型规格标准。所以，从事外贸订单加工业务或自营产品出口的企业，必须按照客户提供的号型标准或相关国家的号型标准来确定服装的规格。

（3）服装款式造型特征。服装款式造型是指对人体着装后的轮廓和外在形态的总体设计。不同的服装款式，其造型及结构也不同，有的服装是上松下紧的"V"字形，有的是上紧下松的"A"字形，也有的是模拟人体的"X"形造型。长度方面要参照设计图中上下身的比例关系及号型标准中有关人体数据进行设定；纬度方面要根据不同的造型要求选择相应的放松量。

（4）面料的塑性特点。服装面料是服装设计三大要素之一，服装规格设计必须体现面料的塑性特点。例如，对于有弹性的面料，应根据其弹性的大小适当减少放松量。即使是同种面料，因丝向不同，其塑性特点也不尽相同，如经向特点是结实、挺直，不易伸长变形；纬向纱质柔软；斜纱向伸缩性大，具有良好的可塑性，成形自然、丰满。在规格设计时必须综合考虑以上因素。

另外，还必须充分考虑面料的缩率，即缩水率和热缩率，要根据缩率的大小计算出各部位的加放量，有关面料缩率详见表3-3。

至于其他面料，尤其是化纤面料一定要注意熨烫的合适温度（表3-4），防止面料焦化等现象。影响服装成品规格的还有其他因素，如缝缩率等，这与织物的质地、缝纫线的性质、缝制时上下线的张力、压脚的压力以及人为的因素有关，在可能的情况下，纸样可做适当处理。

表3-3　常见织物缩水率参考表

织　物		品　种	缩水率（%）	
			经向	纬向
印染棉布	丝光布	平布、斜纹、哔叽、贡呢	3.5～4	3～3.5
		府绸	4.5	2
		纱（线）卡其、纱华达呢	5～5.5	2
	本光布	平布、纱卡其、纱斜纹、纱华达呢	6～6.5	2～2.5
	防缩整理的各类印染布		1～2	1～2
色织棉布	男女线呢		8	8
	条格府绸		5	2
	被单布		9	5
	劳动布（预缩）		5	5
呢绒	精纺呢绒	纯毛或含毛量在70%以上	3.5	3
		一般织品	4	3.5
	粗纺呢绒	呢面或紧密的露纹织物	3.5～4	3.5～4
		绒面织物	4.5～5	4.5～5
	织物结构比较稀松的织物		5以上	5以上
丝绸	桑蚕丝织物		5	2
	桑蚕丝与其他纤维交织物		5	3
	绉线织物和绞纱织物		10	3
化纤	黏胶纤维织物		10	8
	涤棉混纺织物		1～1.5	1
	精纺羊毛化纤织物		2～4.5	1.5～4
	化纤仿丝绸织物		2～8	2～3

表3-4　各种纤维的熨烫温度

纤　维	熨烫温度（℃）	备　注
棉、麻	160～200	给水可适当提高温度
毛	120～160	反面熨烫
丝	120～140	反面熨烫，不能喷水
黏纤	120～150	
涤纶、锦纶、腈纶、维纶、丙纶	110～130	维纶面料不能用湿的烫布，也不能喷水熨烫；丙纶必须用湿烫布
氯纶		

（二）样板设计基本步骤

样板设计也称为服装结构制图，它是传达设计思想，沟通裁剪、缝制、管理等部门的技术语言，是组织和指导生产的桥梁。因此，制图的过程并不是无序和随心所欲的，而是有一定的前后顺序，主要的步骤有以下几步。

1.先基础、再分段

任何服装的结构设计，首先画出纸样的最长和最宽的基础线，然后按照规格单上相应部位的测量方法，先分割宽（围）度方向的基础线，再分别计算关键部位的尺寸，然后在长度方向的基础线上分割成线段。

2.先横向、后纵向

女上装制图习惯是把前中线靠近自己为横线，男上装制图则把后中线靠近自己为横线；领口在右侧制图，下摆在左侧制图，以后中衣长定左、右纵线；在横线上量出袖窿深线、腰节线，然后画出纵向的胸围尺寸、袖窿深线、腰围尺寸、臀围尺寸和下摆尺寸，最后画出领口线。

3.先前片、再后片

在制图时，不论是上装还是下装，传统的做法都是先画前片，再画后片；目前，上装多数是先画后片再画前片，这是由于测量方法的不同而造成的，而下装的制图过程不变，这样做是为了保证各纸样尺寸的协调。

4.先大片、后部件

纸样的绘制，首先是画出大片纸样，通常有前片、后片、袖子等，只有在确保主要纸样的正确后，才有绘制小部件的意义，小部件有领子、口袋、腰头、门襟、里襟和袋布等。

5.先净样、后毛样

绘制工业纸样，首先根据纸样的规格尺寸，画准画好纸样的净样轮廓线图，然后依据缝制工艺再加画缝份线或折边线（即裁剪线），使净纸样变成毛纸样，才可用作排料画样的裁剪纸样。这样做的目的是保证纸样的整洁和制图的连贯。

6.纸样标注

当纸样的轮廓线绘制完成后，根据服装款式的要求，必须标注纸样生产符号，从而确保裁剪顺利进行。

7.先制板、后推板

服装工业制板不是为了单件服装的裁剪、缝制，而是为了号型系列纸样的推板绘制出准确、规范的基本纸样。基本纸样又称标准纸样（通常是中间规格的纸样，有时也用最大规格的纸样或最小规格的纸样），只有在保证基本纸样绝对正确的条件下，才可以进行其他号型或规格纸样的制作，即纸样的推板。

8.检查纸样

全套裁剪纸样和工艺纸样绘制完成后，要进行全面、细致的检查，如面料的特性是否在纸样中已经得到反映、校验各部位的尺寸是否正确、核对相应缝合部位的长短是否一致、缝份的大小及折边量是否符合工艺要求等。

（三）绘制服装纸样的符号和标准

制图符号是在进行服装绘图时，为使服装纸样统一、规范、标准，便于识别及防止差错而制订的标记，这些符号不仅仅只用于绘制纸样的本身，许多符号是在裁剪、缝制、后整理和质量检验过程中应用的。从成衣国际标准化的要求出发，也需要在纸样符号上加以标准化、系列化和规范化。

1. 纸样绘制符号

在把服装结构图绘制成纸样时，若仅用文字说明则缺乏准确性和规范化，也不符合简化和快速理解的要求，甚至会造成理解的错误，这就需要用一种能代替文字的手段，使之既直观又便捷。常用的一些纸样绘制符号及说明见表3-5。除这些纸样绘制符号以外，还有一些不常用的标准符号以及某些裁剪书上自行约定的符号，在此都不进行推荐。

表3-5　纸样绘制符号及说明

序号	名　称	符　号	说　明
1	细实线	——————	表示制图的基础线和辅助线
2	粗实线	——————	表示制图的轮廓线
3	虚线	- - - - - -	表示下层纸样的轮廓线
4	等分线		表示一定长度被分成若干等分
5	经向号（布纹线）		纸样的方向与布料的经纱方向一致，也称对布丝或对丝缕
6	顺向号（单向线）		箭头所指方向表示裁片是顺毛或图案的正立方向
7	相等号	◎　△　●	符号所在的线条相等，按使用次数的不同可分别选用不同的符号表示
8	对位号（剪口）		裁片的某一位置与另一裁片的对应位置在车缝时必须缝制在一起
9	省道线（省）		表示裁片收省的位置、形状及尺寸
10	褶		表示裁片折叠的位置及尺寸
11	裥		表示裁片折裥的位置及尺寸
12	缩褶号		表示裁片需缩缝处理的位置及尺寸
13	钻孔号	⊙	某位置需用钻孔来表示点位
14	重叠号		表示两幅纸样在某位置交叉重叠
15	直角号		表示该位置的直线成直角
16	剪开号	✂——————	沿线剪开纸样
17	对折线		表示裁片的形状沿该直线对称，纸样只需画出一半来表示其完整的形状

序号	名 称	符 号	说 明
18	否定号		制图中表示所在的线条为作废的错误线条
19	扣位 （钮位）		表示服装纽扣所在位置
20	扣眼位		表示服装扣眼所在位置
21	拼接号		表示两裁片在该位置车缝在一起
22	省略号		省略纸样某部分不画的标记
23	归缩号		裁片在该部位熨烫归缩的标记
24	拉伸号		裁片在该部位熨烫拉伸的标记

2.纸样生产符号

纸样生产符号是指国际和国内服装业通用的，具有标准化生产的权威性符号。掌握这些符号的规定，有助于设计或制板人员在服装结构造型、面料的特性及生产加工等方面综合素质的提高。常用的纸样生产符号和说明见表3-6。

表3-6　纸样生产符号及说明

序号	名 称	符 号	说 明
1	布纹符号		又称经向符号，表示服装材料布纹经纱方向的标记，纸样上的布纹符号中的直线段在裁剪时应与经纱方向平行，但在成衣化工业排料中，根据款式要求，可稍作调整，否则，偏移过大，会影响产品的质量
2	对折符号		表示裁片在该部位不可裁开的符号，如男衬衫过肩后中线
3	顺向符号		表示服装材料表面毛绒顺向的标记，箭头方向应与毛绒顺向一致，如裘皮、丝绒、条绒等，通常裁剪方式采用倒毛的形式
4	拼接符号		表示相邻裁片需拼接的标记和拼接位置，如两片袖的大、小袖片的缝合
5	省符号 枣核省 丁字省 宝塔省		省的作用往往是一种合体的处理，省的余缺指向人的凹点，省尖指向人的凸点，它一般用粗实线表示，裁片内部的省用细实线表示，省常见有腰省、胸省、法式省、肘省、半活省和长腰省等
6	褶裥符号 褶 裥 暗裥 明裥		褶比省在功能和形式上灵活多样，因此，褶更富有表现力，褶一般有活褶、细褶、十字褶、荷叶边褶和暗褶，是通过部分折叠车缝成褶 当把褶从上到下全部车缝起来或全部熨烫出褶痕，就成为常说的裥，常见的裥有顺裥、相向裥、暗裥和倒裥，裥是褶的延伸，所以，表示符号可以共用，在褶的符号中，褶的倒向总是以毛缝线为基准，该线上的点为基准点，沿斜纹折叠，褶的符号表示正面褶的形状

续表

序号	名　称	符　号	说　明
7	对条符号		表示相关裁片的条纹应采用一致的标记，符号的纵横线与布纹对应，如采用有条纹的面料制作西装，大袋盖上的条纹必须与大身上的条纹对齐
8	对花符号		表示相关裁片中对应的图案或花形等的标记，如在前片纸样中有对花符号，则在裁剪时，左右两片的花形必须对称
9	对格符号		表示相关裁片格纹应采用一致的标记，符号的纵横线对应于布纹
10	缩褶符号		表示裁片某部位需用缝线抽褶的标记，如西装袖子在缝合到袖窿之前，需采用这种方法
11	归缩符号		又称归拔符号，表示裁片某部位熨烫归缩的标记，张口方向表示裁片收缩方向，圆弧线条根据归缩程度可画2～3条
12	拔伸符号		又称拉伸符号或拔开符号，与归缩符号的作用相反，表示裁片某部位熨烫拉伸的标记，如男西装前片肩部就采用该方法
13	剪口符号		又称对位符号，各衣片之间的有效符号，对提高服装的质量起着很重要的作用，如西服中前身袖窿处的剪口与大袖上的剪口在缝制时必须对合
14	纽扣及扣眼符号		表示在服装上缝钉扣子位置的标记以及锁眼的标记
15	明线符号		表示服装某部位表面车缝明线的标记，主要在服装结构图和净纸样中使用，多见于牛仔服装中
16	拉链符号		表示服装在该部位需缝制拉链的标记

（四）加放缝边与折边

缝份又称为"缝头"或"做缝"，是指缝合衣片所需的必要宽度。折边是指服装边缘部位如门襟、底边、袖口、裤口等的翻折量。由于结构制图中的线条大多是净缝，所以在将结构制图分解成样板之后必须加放一定的缝份或折边才能满足工艺要求。

1.根据缝型加放缝份

缝型是指一定数量的衣片和线迹在缝制过程中的配置形式。缝型不同对缝份的要求也不相同。缝份的大小一般为1cm，但特殊的部位需要根据实际的工艺要求确定加放量，常用的有以下几种形式。

（1）分缝（图3-6）。衣片正面相叠，反面缉合，缝份1cm，从反面将缝边劈开烫平。用途广泛，常用于面料稍厚的上衣、大衣的侧摆缝、肩缝、袖缝和裤子的侧缝、裆缝或裙子的侧缝、竖拼缝等处。

（2）倒缝（图3-7）。也称坐倒缝。衣片正面相叠，反面平缝，缝份1cm，缝后缝边向一侧倾倒烫平。常用于高档夹服衣里和缝份的处理。

（3）明线倒缝（图3-8）。在倒缝上缉单明线或双明线。由于结构需要，明线宽度不同，上层倒缝的缝份宽度也不同。为了减小缝头的厚度，上层缝份窄于明线宽度，一般取

0.7～0.8cm；而倒缝的下层缝份，应宽于明线0.4cm左右，以便用明线缉住和固定倒缝。另外，缝份根据衣料厚度而定，如大衣肩缝、侧摆缝的明线宽度可达2cm。

（4）来去缝（图3-9）。也称反正缝或明缉暗缝。第一步，将衣片反面叠合，按平缝缝份0.3～0.4cm缉合；第二步，修齐毛边或反面折成光边，再翻向正面叠合缉0.7～1cm宽线。多用于女单上衣摆缝、肩缝、袖缝等处。

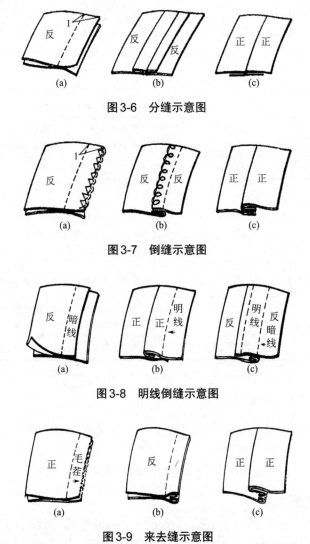

图3-6　分缝示意图

图3-7　倒缝示意图

图3-8　明线倒缝示意图

图3-9　来去缝示意图

（5）包缝。也称裹缝，分内包缝和外包缝。

① 内包缝。第一步，衣片正面叠合，缝头错开，下层包转0.7cm，边缘缉缝0.1cm；第二步，翻转上层衣片，两层衣片正面朝上，扣齐后缉明线0.5cm。多用于男制服类上衣肩缝、摆缝及袖缝（图3-10）。

② 外包缝。衣片正面叠合，缝头错开，下层包转0.8cm，边缘缉缝0.1cm；然后将衣片两层正面朝上，沿包缝缉0.1cm明线，再正面倒缝缉窄明线0.1～0.2cm。多用于单夹克衫之类服装的摆缝、肩缝、袖缝处。翻转上层衣片，两层衣片正面朝上，扣齐后缉明线0.5cm。多用于男制服类上衣肩缝、摆缝及袖缝处（图3-11）。

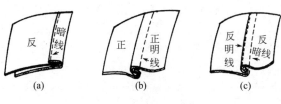

图3-10　内包缝示意图

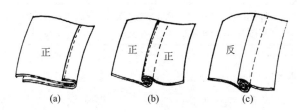

图3-11　外包缝示意图

2.根据面料加放缝份

样板的缝份与面料的质地、性能有关。面料的质地有厚有薄，有松有紧，而质地疏松的面料在裁剪和缝纫时容易脱散，因此，在放缝时应略多放些，质地紧密的面料则按常规处理。另一方面，加放缝份还要考虑衣料的横纵向缩水率和热缩率。各类纺织品缩率已在前面叙述过，故不赘述。

3.根据工艺要求加放缝份

样板缝份的加放要根据不同的工艺要求而灵活掌握。有些特殊部位即使是同一条缝边，其缝份也不相同。例如，后裤片后缝部位在腰口处放2～2.5cm，臀围处放1cm，在袖窿弧形处放0.8～0.9cm的缝份。有些款式需装拉链，装拉链部位应比一般缝头稍宽，以便于缝制。上衣的背缝、裙子的后缝应比一般缝份稍宽，一般为1.5～2cm，以利于该部位的平服。

4.规则型折边的处理

规则型折边一般与衣片连接在一起，可以在净线的基础上直接向外加放相应的折边量。由于服装的款式和工艺要求不同，折边量的大小也不相同。凡是直线或者是接近于直线的折边，加放量可适当大一些；凡是弧线形折边，其弧度越大，折边的宽度越要适量减少，以免扣倒折边后出现不平服现象。有关折边加放量见表3-7。

表3-7　各类服装折边加放量参考表　　　　　　　　　　　　　　单位：cm

部　位	放量及分品种说明	备　注
底摆	一般男女上衣为3～3.5，衬衣为2～2.5，大衣为5，高档男女上衣为4，内挂毛皮大衣为6～7，毛呢类为4	折边加放量均为一般的参考设计，对于不同的产品则以该产品的技术标准为准
袖口	一般与底摆相同，但大衣底摆较宽，袖口折边则稍窄；连卷袖口按卷袖宽加倍另加折边，如卷袖为2.5，内折边为2，则总折边为2.5×2+2=7	
裤口	平脚裤口一般为4，高档产品为5；卷脚裤口按卷脚裤加倍，再另加内折边，如卷脚口为4，内折边为3.5，则总折边为4×2+3.5=11.5	
裙摆	裙摆边一般为3，高档产品和连衣裙裙摆边稍加宽，弧度较大的裙摆折边取2	

续表

部　　位	放量及分品种说明	备　　注
开衩	开衩多见于衣缝处，形式多样，有对襟、搭叠、褶裥等，一般开衩与衣摆、裙摆折等宽或稍宽边，取1.7～2	折边加放量均为一般的参考设计，对于不同的产品则以该产品的技术标准为准
开口	开口一般有纽扣、拉链；使用纽扣，则开口必须宽于横开或竖开扣眼尺寸，而拉链开口折边加放量一般取1.5左右	
口袋	暗挖袋已在结构制图中确定，明贴袋大衣无袋盖式为3.5，有袋盖式为1.5，小袋无袋盖式为2.5，有袋盖式为1.5，借缝袋为1.5～2	

5.不规则折边的处理

不规则折边是指折边的形状变化幅度比较大，不可能直接在衣片上加放折边，在这种情况下可以采用镶折边工艺方法，即按照衣片的净线形状绘制折边，再与衣片缝合在一起。这种折边的宽度以能够容纳弧线（或折线）的最大起伏量为原则，一般取3～5cm。

（五）夹角的处理

1.直角的处理方法

服装中每一条缝边都关系到两个相缝合的衣片，在通常情况下，相缝合的两个缝边的长度相等，在净缝制图中等长边的处理比较容易实现，但是加放缝份后会因缝边两端的夹角不同而产生长度差。为了确保相缝合的两个毛边长度相等，要分别将两条对应边的夹角修改成直角。如图3-12和图3-13所示，为三开身男西装加放缝份后袖窿、袖山位置的修正示意图，图中A与B、C与D、E与F、G与H分别为对位角，要按照图中所示的方法修正成直角。

2.反转角的处理方法

服装中有些部位（如袖口、裤脚口等）属于锥形，反映在平面制图中呈倒梯形，在这种情况下必须按照反转角的方式加放缝份或折边，否则会造成折边部分不平服现象。但如完全按照反转角处理则会使样板的折边部分扩张量过大，不易于排料和裁剪。所以，遇到此种情况，可反转一部分角度，剩余角度通过在缝制时减小缝份来解决。如图3-14所示，折边A、B、C、D处则完全按照反转角处理。

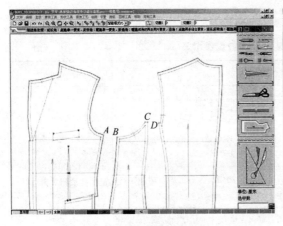

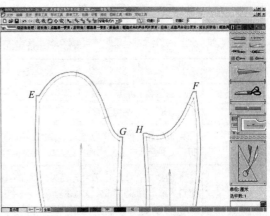

图3-12　袖窿直角缝边示意图　　　　图3-13　袖山直角缝边示意图

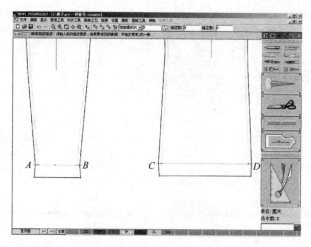

图3-14　缝边反转角示意图

（六）样板定位标记

1. 样板定位标记

在净样板周边加放出缝份、折边等所需放量，并画出裁剪排料的毛样板后，还必须在样板上做出各种定位标记，作为排料画样及裁剪时的标位依据，同时也是在缝制工艺过程中，结构部位缝制组合构成的定位标志和依据。

传统的单件服装加工的定位标位方法：毛呢高档服装采用"打线钉"，棉麻纺织品可用锥眼或用点线器画印，一般使用以下三种方法。

（1）打剪口。打剪口又称"刀口"，一般设置在相缝合的两个衣片的对位点，如绱袖对位点、绱领对位点等；对于一些较长的衣缝，也要分段设定位剪口，避免在缝制中因拉伸而错位，如上衣的腰节线位置、裤子的膝盖线位置以及长大衣或连衣裙的缝边等；对有缩缝和归拔处理的缝边，要在缩缝的区间内根据缩量大小分别在两个缝合边上打剪口，如图3-15所示，A 与 B、C 与 D、E 与 F、a 与 b、c 与 d、e 与 f、g 与 h 处分别打上剪口。剪口的宽度与深度一般为0.5cm，对于一些质地比较疏松的面料，剪口量可适当加大，但最大不得超过缝份的2/3。

（2）打孔。打孔也称作冲孔，在标位处无法打剪口时，用冲孔工具或凿子手工冲孔、打眼。样板打孔范围较广，如袋位、裁片内省位等无法剪口的部位，标位时都要借助于打孔。通过锥眼机垂直钻透各层面料而确定，孔径一般为 0.2 ～ 0.3cm。锥眼的位置一般比标准位置缩进0.3cm左右，以避免缝合后露出锥眼而影响产品质量。其位置与数量是根据服装的工艺要求来确定的，通常有以下几种：确定收省部位及其省量。凡收省部位需要分别在省尖、省中部打锥眼，定出所收省的位置、起止长度及省量大小，如图3-16中 c、d、e、f、g 处所示。确定袋位及其大小，用打锥眼的方法确定口袋及袋盖的大小与位置，锥眼的位置比标准位置应缩进0.3cm左右，如图3-16中 a、b 处所示。

（3）净边。对样板中需要精确定位的一些小部位，如裤子的侧缝袋等，需要单独剪成净样，以便排料画样时能准确地画出位置及形状。多用于高档服装或款式变化多的服装品种。如图3-17所示前裤片直侧袋口净边。

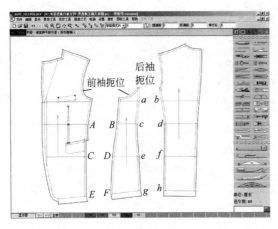

图 3-15 打剪口示意图

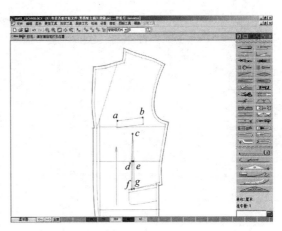

图 3-16 打孔示意图

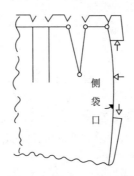

图 3-17 袋口净边示意图

2.样板定位标记的部位

（1）缝份。在样板的主要结构缝两端或一端，对准净缝线，用打孔和剪口标位，表示净线以外缝份的宽度，如裤子的腰缝、侧缝、裆缝以及上衣背缝等。如图 3-18 所示前裤片缝份定位标位。

（2）折边（贴边）。所有的折边部位，如底摆、门襟连挂面都应标位，以表示折边宽度。标位方法用刀眼和冲孔。如图 3-19 所示前衣身折边定位标位。

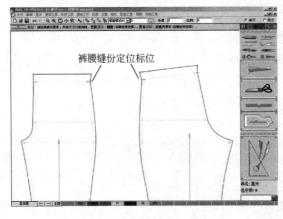

图 3-18 缝份定位标位示意图

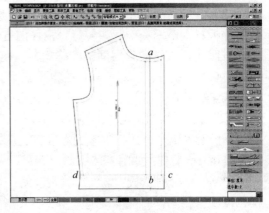

图 3-19 折边定位标位示意图

（3）省道、褶裥。凡收省部位均需做标记，并按起止长度、形状及宽度标位。丁字省标两端；菱形省（枣核省）除标两端外，还需标中宽；一般活褶只标上端宽度；成形为死褶应加标终止位；贯通衣片的长褶裥，如裙子的对褶裥、上衣的背裥，还有宽窄塔克都应两端标位；局部抽碎褶应标抽褶起止点。例如，图3-20中 *a*、*b*、*c*、*e*、*f*、*g*、*h* 处应标记省道、褶裥位置。

（4）袋位。暗袋对袋位大小应标位；板袋式暗袋只需对袋板下边缉位标位；明贴袋除了袋口及宽窄外，还应对其袋边标位；借缝袋只对袋口长度两端标位。如图3-21所示。

（5）开口、开衩。主要对开口、开衩的长度终止点标位，有的搭门式开口的里襟和衣片连料的，还需对搭位宽度标位。如图3-22所示，*o* 处标示裙片开口位置，*a*、*b*、*c* 处标示开衩的定位。

（6）对刀位。服装结构中的长条缝子，当需要合缝时，除了要求两端对齐外，往往要求在中间某些关键部位，按定位标记对准后缉线，应打对刀位为定位标记。在图3-15中已有打孔对刀位标注，不另加举例。

（7）装绱位。装绱位与对刀位相似，主要用在较小部件装绱与衣身的对位。如衣袖绱于衣身时，要进行袖山顶与衣身肩缝对位，底袖缝与袖窿前腋下对位定位。如图3-23所示衣身与衣袖装绱定位标位。其中 *a* 与 *a′* 对位，*b* 与 *b′* 对位，*c* 与 *c′* 对位，*d* 与 *d′* 对位。

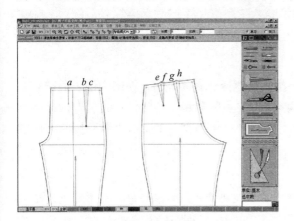

图3-20　省道褶裥定位标位示意图

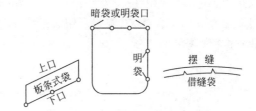

图3-21　口袋定位标位示意图

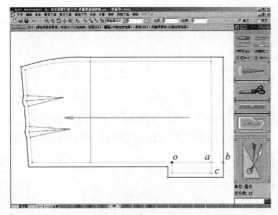

图3-22　开衩定位标位示意图

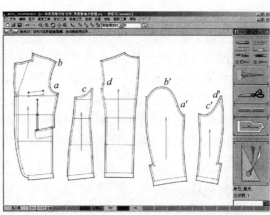

图3-23　装绱定位标位示意图

（8）其他标位。如西服上衣驳头的下驳口点与第一粒纽扣对位；大衣或上衣暗襟式门襟的暗襟止口等部位也应做好定位标记。

（七）文字标注

样板需作为技术资料长期保存。每套样板由许多样片组成，再加上不同的号型规格，其片数就更多了，如不做好文字标注，就会在使用中造成混乱，甚至出现严重的生产事故。所以，样板的文字标注是一项十分重要的工作，必须认真完成。文字标注的内容主要有名称、货号、规格、数量和纱向等。

1.名称标注

名称标注包括服装的通用名称（如男西装、女夹克衫、男衬衫等）、样片名称（如面料板、里料板、衬料板等）以及部件名称（如前衣片、后衣片、大袖片、小袖片、领子、口袋等）。名称的使用尽可能做到通用、规范，便于识别。

2.货号标注

货号是服装生产企业根据生产品种及生产顺序编制的序列号，一般按照年度编制。货号的编制方法可以根据企业的具体情况而灵活掌握；一般要具备以下几个方面内容：一是体现产品名称的缩写字母；二是产品投产的年度；三是产品生产的顺序编号。例如，NXF2001—0015，表示本产品为2001年度第15批投产的男西服。

3.规格标注

为了增加服装的覆盖率，服装产品中每个款式都要设计许多规格。在国内销售的产品要求按照国标号型标准进行规格表示，如160/84A；针织类服装和一些宽松型服装有的是用字母S、M、L、XL、XXL等表示服装的大小。对于国外订单而言，加工的服装要按照客户的要求进行规格标注。

4.数量标注

一套完整的服装工业样板由许多样片组成，每一样片又有一定的数量，为了在排料裁剪过程中不造成漏片，要在每一个样片上做好数量标注，包括样板的总数量和每一样片的数量，这对于资料管理和生产管理都是必需的。

5.纱向标注

根据服装的造型及外观标准选择一定的纱向，是服装排料最基本的要求。服装的质量标准等级越高，对于纱向的要求越严格。面料的纱向包括经纱向和纬纱向两种，不同的服装对于纱向的要求也不相同。一般梭织面料的服装对经纱要求较高，纬纱次之。为了方便排料，应当在每一样片上做好纱向标注，纱向的表示符号为两端带有箭头的直线。有些面料如条绒、长毛绒等需要按照毛向来设计样片，毛向的表示符号为一端带有箭头的直线，箭头方向表示毛的倒伏方向。对于有条格的面料要按照工艺要求在样板的选定位置分别作出对条或对格标记。

6.其他标注

需要进行颜色搭配或面料搭配的款式，要将配色部分的样板单独标注清楚。凡是不对称的样片必须注明正反面，以免在排料中错位。

（八）样板的检验与确认

样板的检验与确认是减少样板误差的一项重要工作。一套样板由产生到确认，必须经过各项指标的检验才能最后投入系列样板的制作。检验的内容大体分为以下几个方面。

1.缝合边的检验与确认

在服装样板中，几乎每一条边都有与之相对应的缝合边，缝合边通常有两种形式。一种是等长缝合边，如上衣或裤子的侧缝线等。等长边要求对应的缝合边长度相等，所以应分别测量及修正样板中对应的两条边线，保证其长度相等。另一种是不等长缝合边，是因造型需要在特定位置设定的伸缩（归拔、缩缝）处理，通常称为"吃势"，如前后肩缝线、袖山与袖窿弧线等。伸缩量越大，两条缝合边的长度差就越大。这种差量要根据不同的部位、不同的塑型要求及不同的面料特点来确定。在测量不等长缝合边时，两条边之间的差值应恰好等于所设定的伸缩量。

2.服装规格的检验与确认

样板各部位的尺寸必须与设计规格相等。规格检验的项目有长度、围度和宽度。长度包括衣长、袖长、裤长、裙长等，围度主要是胸围、腰围、臀围，宽度有总肩宽、前胸宽、后背宽等。复核的方法是用尺子测量各衣片的长度与围度，再将主要控制部位的数据相加，看其是否与设计规格相符。

3.衣片组合的检验与确认

样板结构线的形状不仅作用于立体造型，而且还对相关部件的配合关系产生影响。例如，前后肩线的变化，影响袖窿弧线的形状及袖窿与袖山的配合关系。复核时可将相关两边线对齐，观察第三线是否顺直、平滑。对出现"凸角"与"凹角"的部位及时进行修正，以免影响服装的外观质量。

4.根据样衣检验与确认

按照基础样板制作出样衣后，要将样衣套在人体模型上进行全面的审视。一是看其整体造型是否与设计要求相符合；二是看服装的造型是否与人体相吻合，对达不到设计要求的部位，分析原因并对样板进行补正。

5.客户检验与确认

对于国外订单加工或是国内生产批量较大的订单加工，需将技术部门修改后的样衣交给客户做最后检验，看是否符合客户要求，并根据客户要求对基础样衣和样板做出相应的修改，通过客户检验过的样衣称作"确认样"。通过以上各种程序检验与修正后，样板成为标准样板。利用标准样板进行推板，最后完成整套系列样板的制作工作。

第二节　成衣工业制板

一、工业制板流程

从狭义上说，服装工业制板或工业纸样是依据规格尺寸绘制基本的中间标准纸样（或最大、最小的标准纸样），并以此为基础按比例放缩推导出其他规格的纸样。按照成衣工业生产的方式，服装工业制板的方式和流程可以分成三种：客户提供样品和订单；客户只提供订单和款式图而没有样品；只有样品没有其他任何参考资料。另外，设计师提供的服装设计效果图、正面和背面的纸样结构图以及该服装的补充资料，在经过处理和归纳后，也认定为流程中的第二种情况。下面分别说明。

1. 既有样品又有订单

这种方式是大多数服装生产企业，尤其是外贸加工企业经常遇到的，由于它比较规范，所以供销部门、技术部门、生产部门以及质量检验部门都乐于接受。而对于绘制工业纸样的技术部门，必须按照以下流程去实施。

（1）分析订单。包括面料分析（缩水率、热缩率、倒顺毛、对格对条等）、规格尺寸分析（具体测量的部位和方法、小部件的尺寸确定等）、工艺分析（裁剪工艺、缝制工艺、整烫工艺、锁眼钉扣工艺等）、款式图分析（在订单上有生产该服装的结构图，通过分析大致了解服装的构成）、包装装箱分析［单色单码（一箱中的服装不仅是同一种颜色而且是同一种规格）、单色混码（同一颜色不同规格装箱）、混色混码（不同颜色不同规格装箱）、平面包装、立体包装等］。

（2）分析样品。从样品中了解服装的结构、制作工艺、分割线位置、小部件组合、测量尺寸大小和方法等。

（3）确定中间标准规格。针对这一规格进行各部位尺寸分析，了解它们之间的相互关系，有的尺寸还要细分，并从中发现规律。

（4）确定制板方案。根据款式特点和订单要求，确定是用比例法还是用原型法或其他的裁剪方法等。

（5）绘制中间规格的纸样。这种纸样有时又称作封样纸样，客户或设计人员要对按照这份纸样缝制成的服装进行检验并提出修改意见，确保在投产前产品合格。

（6）封样品的裁剪、缝制和后整理。这一过程要严格按照纸样的大小、纸样的说明和工艺要求进行操作。

（7）确定投产纸样。依据封样意见共同分析和会诊，从中找出产生问题的原因，进而修改中间规格的纸样，最后确定投产用的中间标准号型纸样。

（8）推板。根据中间标准号型（或最大、最小号型）纸样推导出其他规格的服装工业用纸样。

（9）检查全套纸样是否齐全。在裁剪车间，一个品种的批量裁剪铺料少则几十层、多则上百层，而且面料可能还存在色差，如果缺少某些裁片就开裁面料，待裁剪结束后，再找同样颜色的面料来补裁就比较困难（因为同色而不同匹的面料往往有色差），这样既浪费了人力、物力，效果也不好。

（10）制定工艺说明书和绘制一定比例的排料图。服装工艺说明书是缝制应遵循和注意的必备资料，是保证生产顺利进行的必要条件，也是质量检验的标准；而排料图是裁剪车间画样、排料的技术依据，它可以控制面料的耗量，对节约面料、降低成本起着积极的指导作用。

以上10个步骤全面概括了服装工业制板的全过程，这仅是广义上的服装工业制板的含义，只有不断地实践，丰富知识，积累经验，才能真正掌握其内涵。

2.只有订单和款式图或只有服装效果图和结构图但没有样品

这种情况增加了服装工业制板的难度，一般常见于比较简单的典型款式，如衬衫、裙子、裤子等。要绘制出合格的纸样，不但需要积累大量的类似服装的款式和结构素材，而且还应有丰富的制板经验。主要的流程如下。

（1）详细分析订单。包括分析订单上的简单工艺说明，面料的使用及特性，各部位的测量方法及尺寸大小，尺寸之间的相互配合等。

（2）详细分析订单上的款式图或示意图。从示意图上了解服装款式的大致结构，结合以前遇到的类似款式进行比较，对于有些不合理的结构，按照常规在绘制纸样时进行适当的调整和修改。

其余各步骤基本与第一种情况的步骤（3）［含步骤（3）］以下一致。只是对步骤（7）要深刻体会，遇到不明之处，多向客户咨询，不断修改，最终达成共识。总之，绝对不能在有疑问的情况下就匆忙投产。

3.仅有样品而无其他任何资料

这种方式多发生在内销产品中。由于目前服装市场多品种、小批量、短周期、高风险的特点，于是有少数小型服装企业采取不正当的生产经营方式。一些款式新、销路好的服装刚一上市，这些经营者就立即购买。将其作为样品进行仿制，转天就投放市场，而且销售价格大大低于正品的服装。虽不提倡这种不正当竞争行为，但还是要了解其特点，其主要流程如下。

（1）详细分析样品的结构。包括分析分割线的位置、小部件的组成、各种里子和衬料的分布、袖子和领子与前后片的配合、锁眼及钉扣的位置确定等，也涵盖关键部位的尺寸测量和分析，各小部件位置的确定和尺寸处理，各缝口的工艺加工方法，熨烫及包装的方法等。最后，制订合理的订单。

（2）面料分析。这里是指大身面料的成分、花型、组织结构等，各部位使用衬的规格，根据大身面料和穿着的季节选用合适的里子，针对特殊的要求（如透明的面料）需加与之匹配的衬里，有些保暖服装（如滑雪服）需加保暖的内衬等材料。

（3）辅料分析。包括拉链的规格和用处，扣子、铆钉、吊牌等的合理选用，橡皮筋的弹性、宽窄、长短及使用的部位，缝纫线的规格等。

其余各步骤与第一种情况的步骤（3）及步骤（3）之后的一样，进行裁剪、仿制（俗称"扒板"）。对于比较宽松的服装，可以做到与样品一致；对于合体的服装，可以通过多次修改纸样，多次试制样衣，几次反复就能够做到；而对于使用特殊的裁剪方法（如立体裁剪法）缝制的服装，要做到与样品形似神似，一般的裁剪方法就很难实现。

二、工业制板方法

服装工业制板的方法归纳起来有两大类：平面构成法和立体构成法。在服装工业制板中通常使用平面构成法，而平面构成法又有多种结构制图或裁剪方法，大致可分成以原型法和比例分配法为主的服装裁剪方法。根据制板环境，也可以将服装工业制板分成人工制板法和计算机制板法两种。

1.人工制板法

人工制板法使用的工具是一些简单的、直观的常用工具和专用工具。采用的方法有比例法和原型法两种。比例法以成品尺寸为基数，对衣片内在结构的各部位进行直接分配。如衣片的领深和横开领就直接使用领围的成衣尺寸，该方法方便、快捷，有一定的科学计算依据，对于一些常规的、典型的、宽松的服装尤为适用。

原型法以原型作为基样，按照款式要求，通过加放或缩减制得所需要的纸样，这种方法就是俗称的原型法，它有一整套转省的理论，研究人体与服装之间的关系更紧密，所以，它在工业制板中常被采用。至于在单裁单做中使用较多的立体裁剪法，因纸样的构成较复杂和工业化生产的限制，故很少采用。

2.计算机制板法

计算机制板则是人直接与计算机进行交流，它依靠计算机界面上提供的各种模拟工具在绘图区绘制出需要的纸样。目前共有6种方法：比例设计法——基于系统功能的设计，原型设计法——基于人体造型的设计，经典设计法——基于系统数据资源的设计，基础设计法——基于经验和技巧的设计，结构连接设计法——基于数据库的设计，自动设计法——基于现代设计方法的设计等，详见第一章第三节。

第三节 成衣工业推板

为了增加销售量和客户范围，服装的工业化成衣生产，要求同样一种款式的服装，生产多种规格的产品并组织批量生产，以满足不同身高和胖瘦穿着者的要求。通常，同一种款式不同规格的服装都可以通过制板的方式实现，但单独绘制每种规格的全套成衣样板将造成服装结构的不一致，另外，在绘制过程中，由于同样制板过程需要反复计算，出错的概率将大大增加。这种以标准板为基准，兼顾各个号型系列关系，进行科学的计算、放缩，绘制出工业生产的号型系列裁剪样板，称作成衣工业推板，简称推板，通常也称为放码。采用服装放码技术不但能很好地把握各规格或号型系列变化的规律，使款型结构一致，而且有利于提高制板的速度和质量，使生产和质量管理更科学、更规范、更容易控制。

一、系列尺寸设计

1.尺寸规格系列

成衣规格系列化设计，是成衣生产商品性的特征之一，必须依据具体产品的款式和风格造型等特点要求，进行相应的规格设计，所以，规格设计是反映产品特点的有机组成部分，同一号型的不同产品，可以有多种规格设计，具有鲜明的相对性和应变性。规格系列由以下三部分构成。

（1）号型规格。指国家颁布的服装标准中所指定号型，是根据正常人体的规律和使用需要，选出有代表性的部位，经合理归类设置的。国家号型没有对某个具体服装产品做出限定，只是起到指导作用，是参考依据，表3-8是国家号型标准中成年中间体标准号型。

（2）成品规格。是产品主要部位规格。成品规格是衡量服装产品质量的准绳，同时也是服装制图打板、推板的主要尺寸依据。成品规格在设计时要充分考虑到服装造型的要求，尽量体现款式的造型风格。

（3）配属规格：也属于成品尺寸。它们虽然不是主要尺寸，但对服装总体规格组合起重要的协调、配合作用，甚至影响穿着和外观。在纸样推放过程中，起到审核检查的作用。有些外单在一些部位的配属规格上要求非常严格，同时作为放码后，对衣片审核的重要数据。

表3-8　成年中间体标准号型

体 型		中间标准体	常规标示
Y体型	男子	总体高170cm，胸围88cm	170/88Y
	女子	总体高160cm，胸围84cm	160/84Y
A体型	男子	总体高170cm，胸围88cm	170/88A
	女子	总体高160cm，胸围84cm	160/84A
B体型	男子	总体高170cm，胸围92cm	170/92B
	女子	总体高160cm，胸围88cm	160/88B
C体型	男子	总体高170cm，胸围96cm	170/96C
	女子	总体高160cm，胸围88cm	160/88C

2. 标准号型系列设计方法

（1）建立标准号型系列表。标准号型系列表是企业和行业号型系列表设计的依据。按照国家标准Y、A、B、C的分类方法进行系列设计，同时细化出多个体型分类，如Y、YA、A、AB、B、BC、C、CD，再按男女装分类，并分别设置，如5.4系列、5.2系列、3.4系列和3.2系列。按照以上思路建立的男女标准号型系列总表，再按国家号型系列控制部位数据表设计8个细分体型的号型系列分表，以满足更多体型需求。表3-9所示为女装标准号型5.4系列总表。

表3-9　女装标准号型5.4系列总表　　　　　　单位：cm

体型 身高/部位		净胸围	净腰围	净臀围	肩宽	颈围	背长	臂长	立裆	腰长
Y体型 胸腰差 24～22	145	72	49	77.4	37.0	31.0	35.0	46	21.5	67.5
	150	76	53	81.0	38.0	31.8	36.0	47.5	22.5	69.5
	155	80	57	84.6	39.0	32.6	37.0	49	23.5	71.5
	160	84	61	88.2	40.0	33.4	38.0	50.5	24.5	73.5
	165	88	65	91.8	41.0	34.2	39.0	52	25.5	75.5
	170	92	69	95.4	42.0	35.0	40.0	53.5	26.5	77.5
	175	96	73	99.0	43.0	35.8	41.0	55	27.5	79.5
	180	100	77	102.6	44.0	36.6	42.0	56.5	28.5	81.5
YA体型 胸腰差 21～19	145	72	52	79.2	37.0	31.0	35.0	46	21.5	67.5
	150	76	56	82.8	38.0	31.8	36.0	47.5	22.5	69.5
	155	80	60	86.4	39.0	32.6	37.0	49	23.5	71.5
	160	84	64	90.0	40.0	33.4	38.0	50.5	24.5	73.5
	165	88	68	93.6	41.0	34.2	39.0	52	25.5	75.5
	170	92	72	97.2	42.0	35.0	40.0	53.5	26.5	77.5
	175	96	76	100.8	43.0	35.8	41.0	55	27.5	79.5
	180	100	80	104.4	44.0	36.6	42.0	56.5	28.5	81.5

体型	部位／身高	净胸围	净腰围	净臀围	肩宽	颈围	背长	臂长	立裆	腿长
A 体型 胸腰差 18～16	145	72	55	79.2	36.4	31.2	35.0	46	21.5	67.5
	150	76	59	82.8	37.4	32.0	36.0	47.5	22.5	69.5
	155	80	63	86.4	38.4	32.8	37.0	49	23.5	71.5
	160	84	67	90.0	39.4	33.6	38.0	50.5	24.5	73.5
	165	88	71	93.6	40.4	34.4	39.0	52	25.5	75.5
	170	92	75	97.2	41.4	35.2	40.0	53.5	26.5	77.5
	175	96	79	100.8	42.4	36.0	41.0	55	27.5	79.5
	180	100	83	104.4	43.4	36.8	42.0	56.5	28.5	81.5
AB 体型 胸腰差 15～13	145	72	58	81	36.4	31.2	35.0	46	21.5	67.5
	150	76	62	84.6	37.4	32.0	36.0	47.5	22.5	69.5
	155	80	66	88.2	38.4	32.8	37.0	49	23.5	71.5
	160	84	70	91.8	39.4	33.6	38.0	50.5	24.5	73.5
	165	88	74	95.4	40.4	34.4	39.0	52	25.5	75.5
	170	92	78	99	41.4	35.2	40.0	53.5	26.5	77.5
	175	96	82	102.6	42.4	36.0	41.0	55	27.5	79.5
	180	100	86	106.2	43.4	36.8	42.0	56.5	28.5	81.5
B 体型 胸腰差 12～10	145	68	57	80	34.8	30.6	35.5	46	21.5	67.5
	150	72	61	83.2	35.8	31.4	36.5	47.5	22.5	69.5
	150	76	65	86.4	36.8	32.2	36.5	47.5	22.5	69.5
	155	80	69	89.6	37.8	33.0	37.5	49	23.5	71.5
	160	84	73	92.8	38.8	33.8	38.5	50.5	24.5	73.5
	160	88	77	96	39.8	34.6	38.5	50.5	24.5	73.5
	165	92	81	99.2	40.8	35.4	39.5	52	25.5	75.5
	170	96	85	102.4	41.8	36.2	40.5	53.5	26.5	77.5
	175	100	89	105.6	42.8	37.0	41.5	55	27.5	79.5
	175	104	93	108.8	43.8	37.8	41.5	55	27.5	79.5
	180	108	97	112	44.8	38.6	42.5	56.5	28.5	81.5
BC 体型 胸腰差 9～7	145	68	60	81.6	34.8	30.6	35.5	46	21.5	67.5
	145	72	64	84.8	35.8	31.4	35.5	46	21.5	67.5
	150	76	68	88	36.8	32.2	36.5	47.5	22.5	69.5
	155	80	72	91.2	37.8	33.0	37.5	49	23.5	71.5
	155	84	76	94.4	38.8	33.8	37.5	49	23.5	71.5
	160	88	80	97.6	39.8	34.6	38.5	50.5	24.5	73.5
	165	92	84	100.8	40.8	35.4	39.5	52	25.5	75.5
	165	96	88	104	41.8	36.2	39.5	52	25.5	75.5
	170	100	92	107.2	42.8	37.0	40.5	53.5	26.5	77.5
	175	104	96	110.4	43.8	37.8	41.5	55	27.5	79.5
	175	108	100	113.6	44.8	38.6	41.5	55	27.5	79.5
	180	112	104	116.8	45.8	39.4	42.5	56.5	28.5	81.5

续表

体型	部位 身高	净胸围	净腰围	净臀围	肩宽	颈围	背长	臂长	立裆	腿长
C体型 胸腰差 6～4	145	68	63	81.6	34.2	30.8	35.5	46	21	68.0
	150	72	67	84.8	35.2	31.6	36.5	47.5	22	70.0
	150	76	71	88	36.2	32.4	36.5	47.5	22	70.0
	155	80	75	91.2	37.2	33.2	37.5	49	23	72.0
	160	84	79	94.4	38.2	34.0	38.5	50.5	24	74.0
	160	88	83	97.6	39.2	34.8	38.5	50.5	24	74.0
	165	92	87	100.8	40.2	35.6	39.5	52	25	76.0
	170	96	91	104	41.2	36.4	40.5	53.5	26	78.0
	170	100	95	107.2	42.2	37.2	40.5	53.5	26	78.0
	175	104	99	110.4	43.2	38.0	41.5	55	27	80.0
	175	108	103	113.6	44.2	38.8	41.5	55	27	80.0
	180	112	107	116.8	45.2	39.6	42.5	56.5	28	82.0
CD体型 胸腰差 3～1	145	68	66	83.2	34.2	30.8	35.5	46	21	68.0
	150	72	70	86.4	35.2	31.6	36.5	47.5	22	70.0
	150	76	74	89.6	36.2	32.4	36.5	47.5	22	70.0
	155	80	78	92.8	37.2	33.2	37.5	49	23	72.0
	160	84	82	96	38.2	34.0	38.5	50.5	24	74.0
	160	88	86	99.2	39.2	34.8	38.5	50.5	24	74.0
	165	92	90	102.4	40.2	35.6	39.5	52	25	76.0
	170	96	94	105.6	41.2	36.4	40.5	53.5	26	78.0
	170	100	98	108.8	42.2	37.2	40.5	53.5	26	78.0
	175	104	102	112	43.2	38.0	41.5	55	27	80.0
	180	108	106	115.2	44.2	38.8	42.5	56.5	28	82.0

（2）建立体型系列分表。在以上的标准号型系列总表基础上，按国家号型身高、胸围和腰围覆盖率设计8个不同体型系列分表，主要是同号不同型的数据表设计，尽量多地涵盖密集人群的体型，见表3-10。

表3-10 女装标准号型5.4系列A体型系列分表 单位：cm

部位 身高	净胸围	净腰围	净臀围	肩宽	颈围	背长	臂长	立裆	腿长
145	72	55	79.2	36.4	31.2	35	46	21.5	67.5
	76	59	82.8	37.4	32				
	80	63	86.4	38.4	32.8				
	84	67	90	39.4	33.6				
	88	71	93.6	40.4	34.4				
	92	75	97.2	41.4	35.2				
	96	79	100.8	42.4	36				
	100	83	104.4	43.4	36.8				
	104	87	108	44.4	37.6				

续表

部位 身高	净胸围	净腰围	净臀围	肩宽	颈围	背长	臂长	立裆	腿长
150	68	51	75.6	35.4	30.4	36	47.5	22.5	69.5
	72	55	79.2	36.4	31.2				
	76	59	82.8	37.4	32				
	80	63	86.4	38.4	32.8				
	84	67	90	39.4	33.6				
	88	71	93.6	40.4	34.4				
	92	75	97.2	41.4	35.2				
	96	79	100.8	42.4	36				
	100	83	104.4	43.4	36.8				
	104	87	108	44.4	37.6				
	108	91	111.6	45.4	38.4				
	112	95	115.2	46.4	39.2				
155	68	51	75.6	35.4	30.4	37	49	23.5	71.5
	72	55	79.2	36.4	31.2				
	76	59	82.8	37.4	32				
	80	63	86.4	38.4	32.8				
	84	67	90	39.4	33.6				
	88	71	93.6	40.4	34.4				
	92	75	97.2	41.4	35.2				
	96	79	100.8	42.4	36				
	100	83	104.4	43.4	36.8				
	104	87	108	44.4	37.6				
	108	91	111.6	45.4	38.4				
	112	95	115.2	46.4	39.2				
160	68	51	75.6	35.4	30.4	38	50.5	24.5	73.5
	72	55	79.2	36.4	31.2				
	76	59	82.8	37.4	32				
	80	63	86.4	38.4	32.8				
	84	67	90	39.4	33.6				
	88	71	93.6	40.4	34.4				
	92	75	97.2	41.4	35.2				
	96	79	100.8	42.4	36				
	100	83	104.4	43.4	36.8				
	104	87	108	44.4	37.6				
	108	91	111.6	45.4	38.4				
	112	95	115.2	46.4	39.2				
	116	99	118.8	47.4	40				

续表

部位 身高	净胸围	净腰围	净臀围	肩宽	颈围	背长	臂长	立裆	腿长
165	72	55	79.2	36.4	31.2	39	52	25.5	75.5
	76	59	82.8	37.4	32				
	80	63	86.4	38.4	32.8				
	84	67	90	39.4	33.6				
	88	71	93.6	40.4	34.4				
	92	75	97.2	41.4	35.2				
	96	79	100.8	42.4	36				
	100	83	104.4	43.4	36.8				
	104	87	108	44.4	37.6				
	108	91	111.6	45.4	38.4				
	112	95	115.2	46.4	39.2				
	116	99	118.8	47.4	40				
	120	103	122.4	48.4	40.8				
170	76	59	82.8	37.4	32	40	53.5	26.5	77.5
	80	63	86.4	38.4	32.8				
	84	67	90	39.4	33.6				
	88	71	93.6	40.4	34.4				
	92	75	97.2	41.4	35.2				
	96	79	100.8	42.4	36				
	100	83	104.4	43.4	36.8				
	104	87	108	44.4	37.6				
	108	91	111.6	45.4	38.4				
	112	95	115.2	46.4	39.2				
	116	99	118.8	47.4	40				
	120	103	122.4	48.4	40.8				
	124	107	126	49.4	41.6				
	128	111	129.6	50.4	42.4				
175	80	63	86.4	38.4	32.8	41	55	27.5	79.5
	84	67	90	39.4	33.6				
	88	71	93.6	40.4	34.4				
	92	75	97.2	41.4	35.2				
	96	79	100.8	42.4	36				
	100	83	104.4	43.4	36.8				
	104	87	108	44.4	37.6				
	108	91	111.6	45.4	38.4				
	112	95	115.2	46.4	39.2				
	116	99	118.8	47.4	40				
	120	103	122.4	48.4	40.8				
	124	107	126	49.4	41.6				
	128	111	129.6	50.4	42.4				
	132	115	133.2	51.4	43.2				

部位 身高	净胸围	净腰围	净臀围	肩宽	颈围	背长	臂长	立裆	腿长
	84	67	90	39.4	33.6				
	88	71	93.6	40.4	34.4				
	92	75	97.2	41.4	35.2				
	96	79	100.8	42.4	36				
	100	83	104.4	43.4	36.8				
	104	87	108	44.4	37.6				
180	108	91	111.6	45.4	38.4	42	56.5	28.5	81.5
	112	95	115.2	46.4	39.2				
	116	99	118.8	47.4	40				
	120	103	122.4	48.4	40.8				
	124	107	126	49.4	41.6				
	128	111	129.6	50.4	42.4				
	132	115	133.2	51.4	43.2				

（3）建立客户数据表和产品数据表。在以上不同体型系列分表中，提取客户群数据，形成客户数据表。再根据款式造型要求，增加适当放量形成产品数据表，为成衣工业推板提供尺寸依据，见表3-11。

表3-11　男衬衫B体型5.4系列号型表　　　　　　　　单位：cm

号型 部位	160/80	165/84	165/88	170/92	170/96	175/100	175/104	180/108	180/112
领围	35	36	37	38	39	40	41	42	43
肩宽	41	42.2	43.4	44.6	45.8	47	48.2	49.4	50.6
胸围	89	93	97	101	105	109	113	117	121
腰围	84	88	92	96	100	104	108	112	116
摆围	87	91	95	99	103	107	111	115	119
后中长	70	72	74	76	78	80	82	82	82
长袖长	53	54.5	56	57.5	57.5	59	59	60.5	60.5
克夫长	22	23	24	24	25	25	26	26	27
克夫高	7	7	7	7	7	7	7	7	7
短袖长	21	22	23	24	24	25	25	26	26
袖口阔	17	17	18.5	18.5	19	19	19.5	19.5	20
袋距襟	5.9	5.9	5.9	6.5	6.5	6.5	7.1	7.1	7.1
袋高低	18	18	18	19	19	19	20	20	20
六角袋	12.5	12.5	12.5	12.5	12.5	12.5	12.5	12.5	12.5
前筒纽	7.2	7.2	8	8	8.8	8.8	9.2	9.2	9.2
褶距夹	7.8	8	8.2	8.4	8.6	8.8	9	9.2	9.4

二、工业推板原理

服装放码技术就是针对一种款式取多个号型板的一门专业技术。因此，推板的大量工作就是对全套规格进行逐部位的数据分析、计算和分配档差，绘制放缩图。

1.工业推板流程

放码操作由以下五个部分组成。

（1）分析服装款式穿着风格与人体的比例关系，计算档差。

（2）根据推放的衣片及尺寸情况，确定不动点，即不动轴的位置。

（3）选择合适的放码方式，在各主要部位上合理分配档差，即建立规则表。

（4）形成网状图，即得到其他号型板。

（5）检查各对合部位数据，以确保推放的各个号型板的主要数据正确。

2.工业推板要求

工业化生产中，纸样推板是按照规定尺寸制作完成头板纸样后再按照头板纸样进行放大或缩小。简言之，就是将一个中间板型放大或缩小成另一个相同形状的板型。

（1）针对标准规格系列服装推放。通常在一个号型系列尺寸表中，主要部位号型尺寸档差数据均等，推放结果的网状图均匀（图3-24）。这种推放要求，在实际生产中应用广泛。如果有个别部位号型尺寸档差数据不均等，网状图的边线在尺寸不均等部位也会出现不均等的平行线。

（2）从标准体推放得到非标准体服装。即同款式的非标准体型的版型推放。运用纸样放缩功能，通过按比例放大或缩小标准纸样得到满足客户基本体型数据要求（如胸围尺寸等）的纸样，然后在此基础纸样上针对客户的非标准部位，对纸样的变更点依据造型修正规则进行针对性处理，从而得到合乎顾客体型的合体纸样，如图3-25所示。这种推放要求，在MTM系统中得到充分应用。

（3）从特体推放得到相应特体服装。这种方法是将一个形状推放得到类似形状的操作，在设计基础板型时，根据特体体型设计纸样。号型档差的数据分配与计算方法与第一种推板一样，在分配档差时，要结合特体情况合理分配档差，如图3-26所示。比如，对孕妇服装而言，尺寸的变化部位就是腹部肚子，在推放时，前片的推放规则量要多，而后片的腰部位则可不考虑推放量。

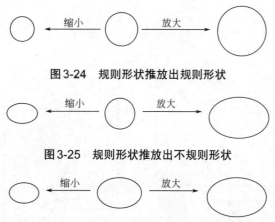

图3-24　规则形状推放出规则形状

图3-25　规则形状推放出不规则形状

图3-26　不规则形状推放出不规则形状

不管采用以上哪种放码形式，放码操作后一定要保证推放得出的纸样不变形，坐标中各放缩数值一般应以图形尺寸比例规律确定，图形中某些部位可同步变化，也可异步变化，幅度上有时可能稍微不协调，但总的应按坐标中正比规律确定放缩的实际尺寸。

三、工业推板方法

经过多年生产实践，手工放码方法主要有目视法、推剪法、线放码法和比值法，其中推剪法只能手工操作，其他方法同时都可以在计算机系统上实现。利用服装CAD系统功能模块，电脑缩放的最基本操作方法过程与手工操作基本一样，只有计算机系统能完成的而手工是无法操作完成的放码方法有切割法、公式法、规则复制法。下面主要讲述计算机系统中可以操作完成的工业推板方法。

1. 目视法

目视法是以保证推放后服装的造型保持不变化为基本指导思想，在水平（围度）或垂直（长度）方向上，目视纸样各个主要放码点相对不动点的X、Y移动量和主要部位的比例关系，并把这种目视的比例值作为该放码点移动量。围度上的档差分配以胸围、臀围为主要部位，高度上的档差分配以衣长、裤长、袖长为主要部位。

目视法能快速得到各部位的推放数值，但因为每个人对比例关系的目视效果不同直接影响放码推放比例、档差分配数据，因此，该种方法适合号型少，款式变化多的时装。

目视法的具体操作如图3-27所示，图中的G是不动点（0，0），B′点是B点垂直投影在胸围线上的点，GB′是B点水平移动量，目视GB′和衣片胸围宽的比值可推算出B点的水平移动量。估算B点的X移动量时，目视GB′和GD的比例关系大约为1∶3，D点的移动量为

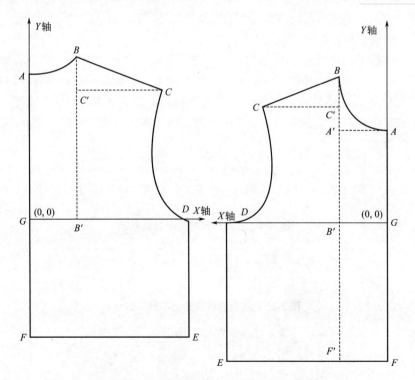

图3-27　上衣目视法的各放码比例点位置图示

四分之一的胸围档差，即4×1/4=1cm，B点的水平移动量是D点的移动量的1/3，为0.33cm；估算B点的Y移动量时，首先要目视AG和AF的比例关系大约为6：10，背长的档差值为1cm，因此，A点的竖直移动量为0.6cm，目视BB'和AG的比例关系，两个数据很接近，而实际体型上，B点是侧颈点和后颈椎点A在空间上同一个水平位置，因此，A和B点的竖直移动量数据可一样。

2.比值法

比值法也是对点的推放量进行分析的一种方法。最大优点就是能保证纸样各部位的比值不变，从而保证推放后服装的造型不变，使服装各个号型更趋于原造型设计要求。比值法的基本操作思路是服装上衣的围度尺寸以胸围为主要参数进行绘制，裤子和裙子的围度尺寸是以臀围为主要参数绘制。因此，以成衣纸样的胸围和臀围为水平基数，衣长、裙长、袖长和裤长为竖直基数。得出各主要部位的放码点距离不动点的水平距离与水平基数的百分比，竖直距离与竖直基数的百分比，按百分比例的推算法则，推算出服装局部的比例数值。将该部位档差量乘以比例数值，得到该部位点的推放移动量。

比值法的具体操作如图3-28所示，先测量作为主要基数的DG，其具体数据，前后衣片都是24cm。AF（后背长）的长度是38cm。计算B点的X移动量，测量BB_x的长度为7cm。BB_x与DG的比值（百分比）是7/24=0.29=29%，则B点的X移动量占四分之一胸围档差的29%，四分之一胸围档差=4/4=1，B点的X移动量为0.29cm；计算B点的Y移动量。长度档差计算与和长度基数有关系，因此，测量BB_y的长度为23.9cm，BB_y与AF比值（百分比）是23.9/38=0.63=63%，则B点的Y移动量占背长档差的63%，背长档差为1cm，则B点的纵向移动量为0.63cm。

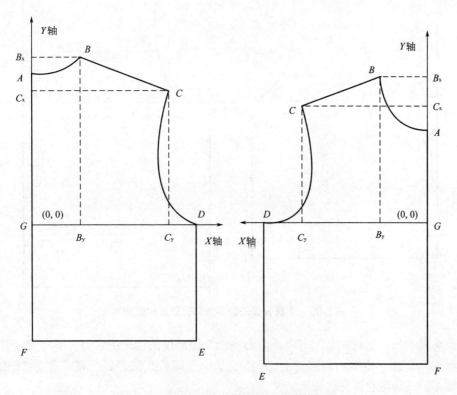

图3-28　上衣比值法的各放码比例点位置图示

3.公式法

公式法放码是源于衣片设计而又不同于衣片设计的一种规范化的放码方法，其基础是服装款式结构和人体尺寸（人体体型）。利用服装结构中的主要部位的计算公式、主要部位放缩量分配规则及特殊部位调整规则形成该主要部位点的比例关系；再计算需要推放的号型的各主要部位尺寸，计算各部位档差并建立档差尺寸表；最后通过计算机的曲线插值数学模型算法计算出该放码点的移动量，完成样板的放码。

公式法的具体操作如图3-29所示。图中衣片的各折线点分别用A、B、C、D、E、F表示，其中G点为不动点（0，0）。计算B点的水平移动量，B点到Y轴的距离公式是"胸围/12+0.2"，则B点的水平移动量$\triangle X=\triangle$胸围/12=4/12=0.34；计算B点的竖直移动量，B点到X轴的距离公式是"胸围/6+7.5"，则B点的竖直移动量$\triangle Y=\triangle$胸围/6=4/6+7.5=8.17。

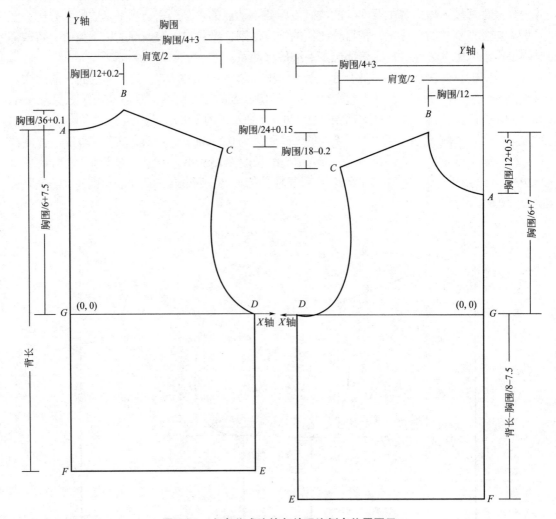

图3-29　上衣公式法的各放码比例点位置图示

由此可以看出，公式法放码只考虑参数变量对该部位的档差的影响，不考虑定数对该部位的档差变动。如果定数占该部位的比例超过20%，则公式法放码在完成自动放码的同时，移动量数据的准确度会降低。

4.规则复制法

规则复制法就是对于类似款式和相同尺码规格的服装，把已有推放过的板型，将其规则文件复制到所需推放的纸样文件中进行推放的方法。利用计算机储存记忆功能，把不同款式服装的放码规则储存，在放码的操作过程随时调用放码规则文件，以规范和简化放码的操作，可以方便地重复使用。这样的功能模块非常适合返单生产模式，减少了重复操作，提高了生产效率，降低了生产成本，保证了推放效果和操作质量。

规则复制法只适合点规则的复制操作，不适合切割放码。在ET系统中，规则复制法有四种方式。

（1）点规则复制法。主要是将已知放码点的规则，通过7种不同的参照方式，拷贝到当前的放码点上。10种参照方式分别为完全相同（横纵向移动量相同）、左右对称（横向移动量相反，纵向移动量相同）、上下对称（横向移动量相同，纵向移动量相反）、完全相反（横纵向移动量均相反）、单X（只拷贝X方向的数值）、单Y（只拷贝Y方向的数值）、单X相反（只拷贝X方向的数值，但方向相反）、单Y相反（只拷贝Y方向的数值，但方向相反）、角度（拷贝参考点的角度）、要素镜像（以镜像方式拷贝）、拷贝（拷贝打钩，就是拷贝方式；不打勾，则是参照的方式），如图3-30所示。

（2）分割规则复制法。将未分割裁片上的放码规则，拷贝到分割后的裁片上。此种拷贝多应用在分割线较多的裁片上，如童装、多面料拼接服装等（图3-31）。

（3）文件间规则复制法。将整个裁片的放码规则复制到另一个文件中形状类似的裁片上。此功能多用于不同文件间的复制规则操作，如图3-32所示。

（4）片规则复制法。将整个衣片的放码规则复制到另一个形状类似的裁片上。此功能多用于同款式的面料衣片的放码规则复制到里料裁片的放码规则中（图3-33）。

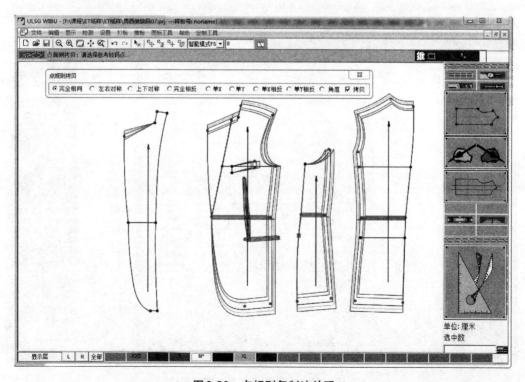

图3-30　点规则复制法放码

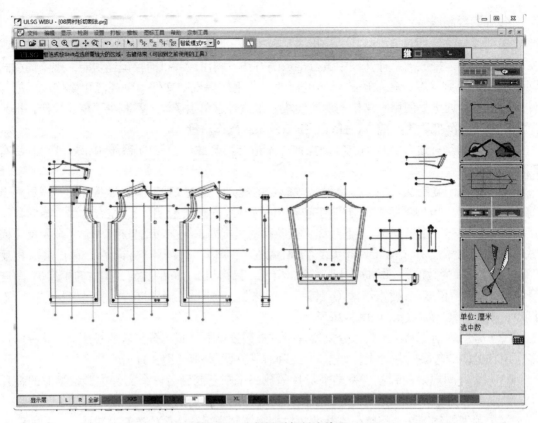

图 3-31　分割规则复制法放码

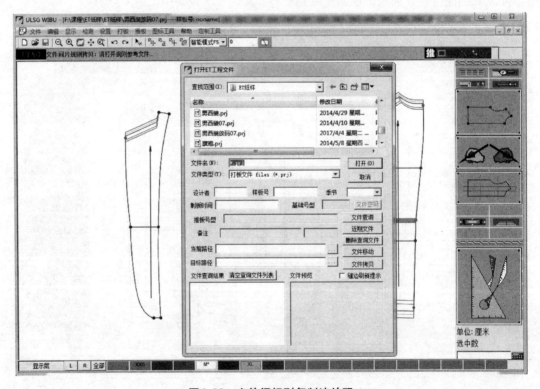

图 3-32　文件间规则复制法放码

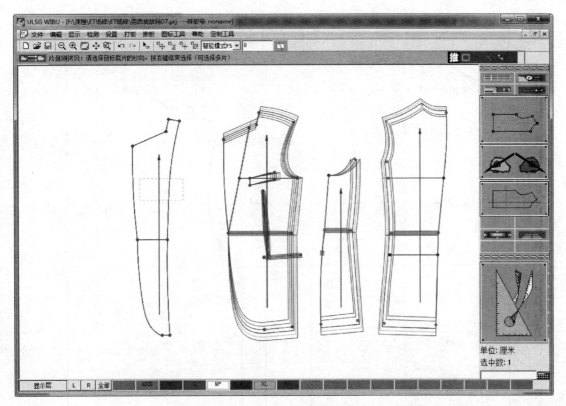

图3-33　片规则复制法放码

5.切割法

切割法放码是借助计算机实现的比较科学、灵活和优秀的计算机放码方法之一，它与手工的放码方法相比，不用逐点分析移动量，缩短了大量分析计算数据的时间。这种放码方法比较灵活，因此，它也要求使用者具有较丰富的服装样板设计知识和经验，只有这样，才能推放出符合要求的服装样板。

根据切开量放大或缩小的方向不同，把切开线分为三类。

（1）垂直切开线。服装样板的缩放量为水平的方向，即服装围度方向的缩放。

（2）水平切开线。服装样板的缩放量为铅垂的方向，即服装长度方向的缩放。

（3）斜向切开线。服装样板的缩放量为垂直于切开线的方向。

切割法的具体操作如图3-34所示，分析 B 点的垂直切开量。图3-34中的垂直切开线1、6，计算方法是上衣片的围度尺寸变量比为2∶3∶5（一片上衣的水平方向档差是1cm），因此，领部分配值是0.2cm。分析 B 点的水平切开量，水平切开线3是推放 A 点的移动量，A 点到水平不动轴的距离是0.3cm，则此处输入切开量为0.3cm；水平切开线6是推放 C 点的移动量，C 点到水平不动轴的距离是0.4cm，A 点到水平不动轴的距离是0.3cm，输入切开量=0.4–0.3=0.1cm，则此处输入切开量为0.1cm；水平切开线2是推放 B 点的移动量，B 点到水平不动轴的距离是0.5cm，而 C 点到水平不动轴的距离是0.4cm，输入切开量=0.5–0.4=0.1cm，则此处输入切开量为0.1cm。

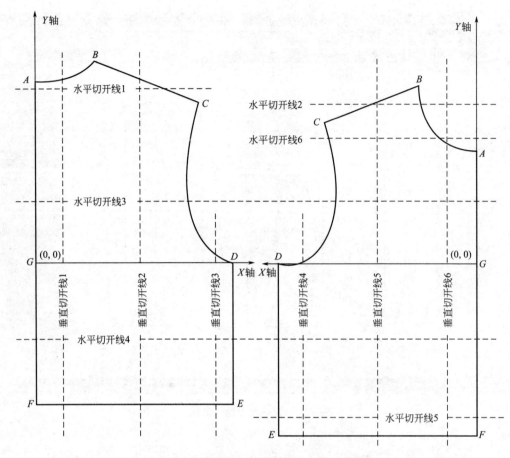

图3-34　上衣切割法的各放码比例点位置图示

　　前文所述的目视法、比值法、公式法和规则复制法，都是对号型档差进行分析，得出各点分配值，然后把分配值以点的形式输入，而切割放码方法是把分配值以线切开的方式输入。因此，前面分析的一些分配值可以应用到切割放码操作中，只是在应用时，将各点分配值转为档差比的形式，即可应用到切割放码中。

第四节　工业样板实例

一、男西装

（一）款式结构特征分析

　　本款为日常的社交性半礼仪三件套西服套装（图3-35）。基本形式为单排2粒扣、平驳头八字领、"T"式造型、前身圆摆底边、前设腰省、稍收臀、收后背缝、无后开衩（现在也流行侧开衩）、左驳领上端有扣眼迹（又称插花孔）、左前胸有手巾袋、前身两侧各有盖双嵌线暗袋（又称有袋盖双唇袋）、袖衩有3粒装饰扣、内层覆全里布、前身里布附有胸部双嵌线袋。面料宜选礼服呢或精纺毛料等。

图3-35 男西装款式结构图

（二）成品规格分析

为了扩大覆盖率、提高适应性，宜设计为四种体型（Y型、A型、B型、C型）的全号型规格系列，详见表3-12。

表3-12 以5.4系列中间号型为中心的西装四种体型成品规格系列　　　　单位：cm

部　位	号型	Y	A	B	C	规格档差	备　注
	推导公式	170/88	170/88	170/92	170/96		
前长	规格尺寸	76				2	
	推导公式	（4.5/10）号−0.5					
胸围（B）	规格尺寸	106		110	114	4	
	推导公式	B+18					
肩宽（S）	规格尺寸	45.5		47	48.5	1.2	规格档差均 参照国家标准
	推导公式	（3/8）B+5 或（4/10）B+3					
领大（N）	规格尺寸	40.5		42	43.5	1	
	推导公式	（3/8）B 或（4/10）B−2					
袖长	规格尺寸	59				1.5	
	推导公式	（3.5/10）号−0.5					
袖口	规格尺寸	29.8		31	32.2	1.2	
	推导公式	（3/10）B−2					

（三）细部结构分析

1.结构部位尺寸及分配公式

见表3-13。

表3-13 A型中间号型西装结构部位尺寸及分配公式　　　　　　单位：cm

序号	部位	分配公式	尺寸
1	衣长	（4.5/10）号–0.5	76
2	袖隆深	2/10B+4	25.2
3	腰节	号/4–1	41.5
4	撇胸	0.15/10B	1.6
5	前肩斜	0.5/10B–0.5	4.8
6	前肩宽	S/2–0.5	22.2
7	前领口宽	2/10N+1	9.1
8	前领口深	2/10N+3	11.1
9	前胸宽	2/10B–1.5	19.7
10	前胸围	B/2–背宽+1.5（省）	34.3
11	大袋宽	1.5/10B	16
12	胸袋宽	1/10B	10.5
13	袖隆翘	0.5/10B	5.3
14	后领口宽	2/10N+1.2	9.3
15	后领口深	0.55/10B	2.3
16	后肩斜	0.5/10B–1	4.3
17	后肩宽	S/2+0.5	23.2
18	后背宽	2/10B–1	20.2
19	袖长	3.5/10号–0.5	59
20	袖山深	1.5/10B+1	16.9
21	袖山斜线	AH/2	27.5
22	袖肘	袖长/2+3	32.5
23	袖口	袖口/2	14.9
24	衣领	领面高4，领座高3	—
25	驳头宽	7.5	7.5

2.制图要点

（1）六开身开剪线的处理。六开身西装后侧缝的设定是以背宽线为依据的，因为背宽线正是后背向侧身转折的关键，也是塑造后背造型的最佳位置。前侧缝要稍向侧面靠拢，虽然胸宽线也是前身向侧身转折的关键，但为了保证前身正面的完整性，因此，把此结构线向侧面微移。

（2）可在此款男西装基础上加腹省，目的是强调男装结构与造型关系的紧密性和内在的含蓄性。通过腹省的设计，使前胸的菱形省变成剑形省而减弱了前身的"S"曲线效果，更具阳刚之美。同时通过腹省收紧前摆，比较适合于腹部微凸的曲面造型。

（3）在后背中线腰节处收进2cm，底摆收进3cm，更符合男性V形造型。

（4）一般西装的两片袖结构设计与原型袖基本相同，在利用袖肥公式AH/2-（2.5～3cm）时，其中的2.5～3cm是一个变量，可以根据袖造型的需要和袖山头的吃势来调节此量大小。

（四）结构制图

用比例法绘制西装及两片袖结构，如图3-36所示。

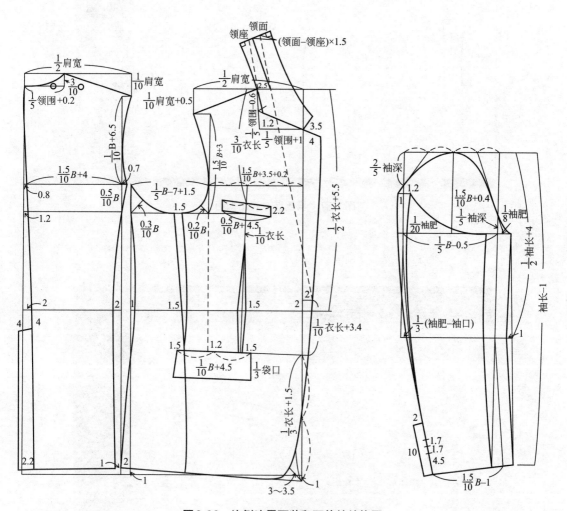

图3-36　比例法男西装和两片袖结构图

（五）在服装工艺系统中绘制西装样板

1.西装基础纸样制图

按照西装基础纸样画法，用规定的尺寸绘制如图3-36所示基础纸样。

（1）主裁片。将基础结构图中主要裁片分割出来，如前幅、后幅、小身、大袖、小袖、襟贴、西装领，如图3-37所示。

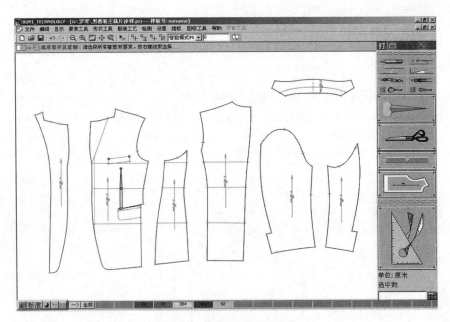

图3-37　男西装净样结构图

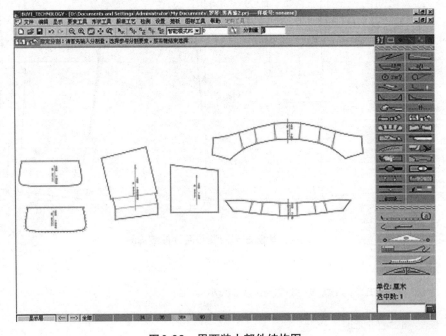

图3-38　男西装小部件结构图

（2）西装小部件纸样。

① 领纸样。为了使翻折后的西装领平服，把一片式西装领分成领面、领座两片领形式。方法为首先在正常翻领线处下降1cm后剪开，分成领面和领座；然后领面纸样和领座纸样分别在接缝线处重叠约1cm，使得翻领线变短，如图3-38所示。

② 胸部双嵌线袋纸样（也称手巾袋）。描出袋形状线条，取上边线为折叠线，画出两倍手巾袋纸样，并且一直延伸出袋布，如图3-38所示。

③ 面袋盖和里袋盖纸样。根据前腰袋袋口长和宽（长16.5cm，宽7cm）画出袋盖纸样，袋盖两端修成圆角。里袋盖纸样即在面袋盖纸样基础上减少0.5cm宽度，目的是使得里、面袋盖进行面对面运反工艺后不出现反光现象。

2.面料制板

（1）前后衣身及挂面净样放缝，如图3-39所示。

① 放缝规格。普通分开缝缝份为1cm（肩缝、后背缝、侧缝），弯绷缝为0.8cm（如前后领窝处、前后袖窿处），底摆折边放4cm。挂面驳头处放缝1.5cm，前幅门襟止口处放缝1.5cm。

② 定位标记。包括拼合线条的对刀位（前后幅与小身拼缝分别可在胸围线、腰围线和臀围线处打上剪口）、装袖扼位（为了满足装袖的袖山容位量）、缝份标位（非1cm缝份处原则上需要标出）。

③ 文字标注。包括纸样名称、码数、裁片数量、布纹线等。

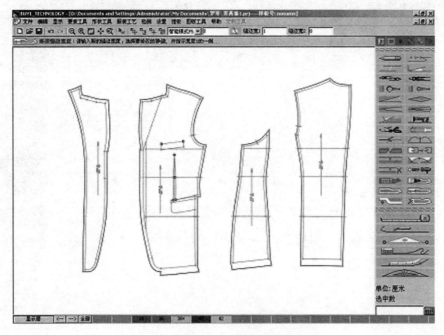

图3-39　前后衣身及挂面净样放缝图

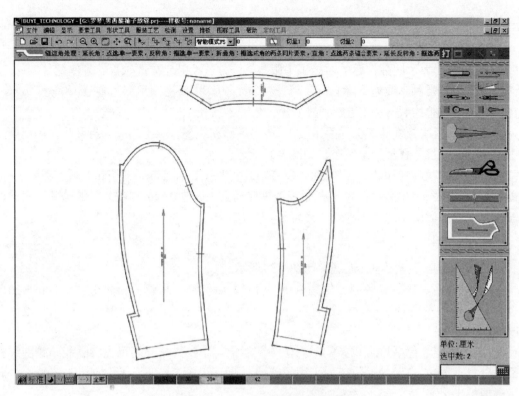

图 3-40　袖子与领子净样放缝图

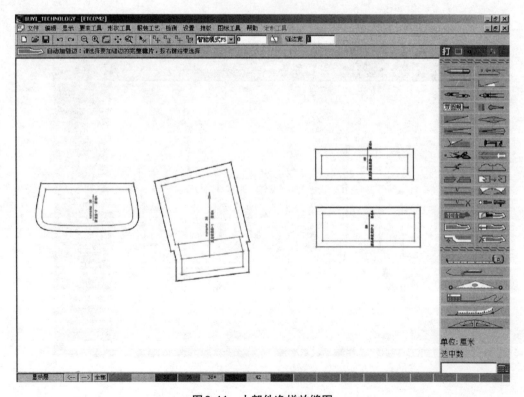

图 3-41　小部件净样放缝图

（2）大小袖片、领子净样放缝图，如图3-40所示。

① 放缝规格。袖子分开缝为1cm（指袖外侧缝、袖内侧缝处），袖山缝份为0.8cm，袖口折边放缝份为3.5cm。领子周边放1cm，在领嘴串口处多加2cm缝份（共3cm缝份），可将这3cm缝份翻折到底面并与领底绒裁片手挑完成做领工艺。

② 定位标记。包括拼合线条处打上对刀位（大小袖拼缝分别可在手肘线处打上剪口）、装袖扼位、缝份标位（袖山缝份、袖口折边和领嘴串口处需要标出）以及其他（如领子后中线打上剪口），可帮助正确上领，避免出现扭领、偏领等不良品质疵点。

③ 文字标注。包括纸样名称、码数、裁片数量、布纹线等。

（3）小部件净样（包括左胸袋袋唇贴纸样、面袋盖纸样、腰双唇袋袋唇贴和袋衬纸样）放缝图，如图3-41所示。

① 左胸袋袋唇贴纸样。如前文胸部双嵌线袋纸样叙述。

② 面袋盖纸样。在袋盖纸样周边各加1cm缝份，取与前片相同的布纹线。

③ 腰双唇袋袋唇贴和袋衬纸样。袋唇贴宽度比实际袋口宽1cm，高4cm；袋衬纸样宽度又比袋唇贴宽度宽1cm，高6cm。袋唇贴和袋衬纸样周边各加1cm缝份，取与前片相同的布纹线。

3.里料制板

为了使西装穿着舒服，通常在西服内层加里布。西服里布有半身里布和全身里布两种，一般取全身里布较多。衣里制板都在衣身、衣袖毛样板（指加放缝份后的裁剪样板）的基础上按照技术要求加缝份。

（1）前后衣身里样放缝图，如图3-42所示。

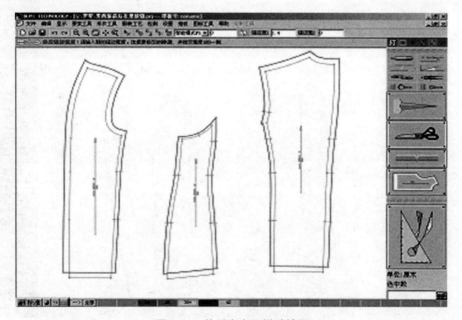

图3-42　前后衣身里样放缝图

① 前片里布纸样：描出前片纸样，宽度取前片宽与襟贴宽之差，并且在襟贴边线处加2cm缝份。肩、袖窿和后领窝比衣面宽1cm；摆缝处略宽出衣面摆缝0.4cm；前衣里底边比衣面底边短1.5～2cm，此为宽松量，标明里口袋线。

② 后片里布纸样。描出后片纸样，在后中心线部位（即背缝）加0.8cm的宽松量，以满足上体运动的需要，缝纫时则以褶裥操作。在后摆缝处横向加0.4cm的宽松量，后衣里底边比衣面底边短1.5～2cm。

③ 小身里布纸样。描出小身纸样，长度取小身面料纸样底摆折边线上1.5～2cm，在前、后摆缝线上端横向加0.4cm的宽松量，修顺线条。

（2）大小袖片衣里放缝图，如图3-43所示。

① 大袖里布纸样。描出大袖面料纸样，减去袖口衩部位，在前后偏袖缝线的上端横向加0.4cm的宽松量，袖山顶里料比面料宽1.5～2.5cm（靠袖山顶宽1.5cm，靠袖缝宽2～2.5cm），袖里底边比袖面底边缩短1.5～2cm，并修顺线条。

② 小袖里布纸样。描出小袖面料纸样，减去袖口衩部位，在前后偏袖缝线的上端横向加0.4cm的宽松量，由于小袖弯部是连接于腋部的袖窿弯底、下弯的袖里长度，必须能裹住衣片面料的缝份，因此，靠袖缝要比面料多加两个缝份的长度，为2～2.5cm，而靠袖山顶宽1.5cm，袖里底边比袖面底边缩短1.5～2cm。

（3）小部件（包括里袋盖、前胸袋袋布、领底绒裁片）里布裁示意图，如图3-44所示。

① 里袋盖纸样。里袋盖纸样即在面袋盖纸样基础上减少0.5cm宽度，取布纹经线，并用里布裁剪。

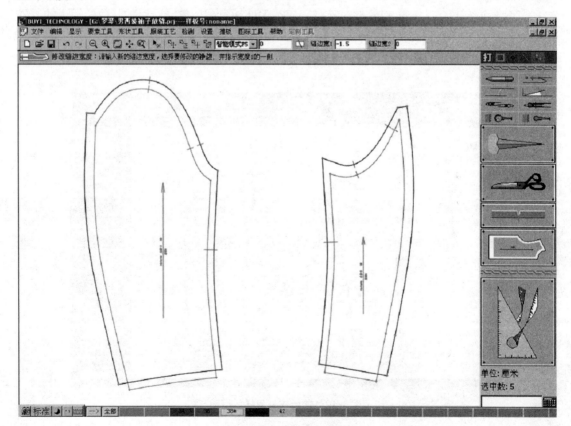

图3-43　大小袖片衣里放缝图

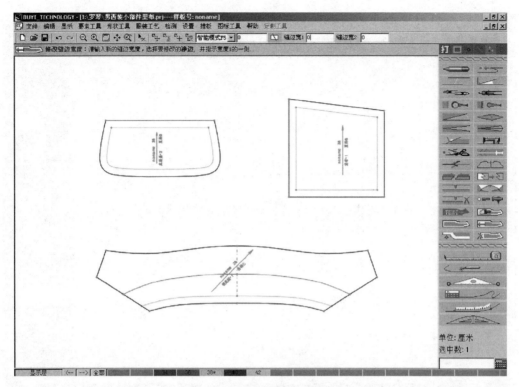

图3-44　小部件里布裁示意图

② 前胸袋袋布（也称手巾袋袋布）。手巾袋袋布分上层袋布和下层袋布两片，上层袋布是连着手巾袋袋唇贴纸样用面布裁剪的，下层袋布则用里布裁剪，规格为宽度比袋口多4cm，长度比上层袋布长1cm，其余与上层袋布相同，取布纹经线。

③ 领底绒纸样。实际上，领底绒裁片是用专用车领底绒材料裁剪，把它规到里布纸样内，只是为了纸样的分类统一而已。领底绒纸样取一片领的净样即可，用斜纹布纹裁剪。

4. 衬布制板

西服的制作工艺中含有覆衬工序，作用是使西服穿着平服、挺括。西服衬的材料一般有黏合衬、黑炭衬、马尾衬、棉衬四种。覆衬工序是先在前片底面粘一层黏合衬，再在胸部加一层黑炭衬（胸衬），使胸部丰满，然后在肩部再加一马尾衬（肩衬），突出肩部的平挺。冬装西服还可在胸衬、肩衬外加一层棉衬，其作用在于使各衬撑起来。如此，前衣身便有四块衬裁片。除此之外，西服襟贴、驳头、衣领、后领窝处、后袖窿、衣摆、袖口、袋盖及袋口处也必须加黏合衬。西服衬纸样设计是在西服面料样板上变化而成，具体绘图步骤如下。

（1）衣身主要衬（包括大身衬、襟贴衬、挺胸衬、肩衬）制图，如图3-45所示。

① 前大身衬配衬规格。领口、肩缝、袖窿与衣片面料板相齐，衬长取衣身长，门襟止口、驳头外口处取净样板。

② 挺胸衬配衬规格。减去驳头，只取前片裁片上部分，门襟止口处取净样板，驳头外口处向内平行修进1cm，保留前胸省10cm，为使胸部平挺、丰满，符合人体工学，胸衬需要收省，收省的位置是从前肩线中点向下剪开约7.5cm，张开1.5cm宽，缝纫时在此省下垫衬成小锥子形，腋下画弧形线并收省，省宽为1cm、长为6cm，布纹取斜纹。

③ 肩衬纸样。在胸衬基础上，从肩下来10cm取肩衬样板，布纹取斜纹。

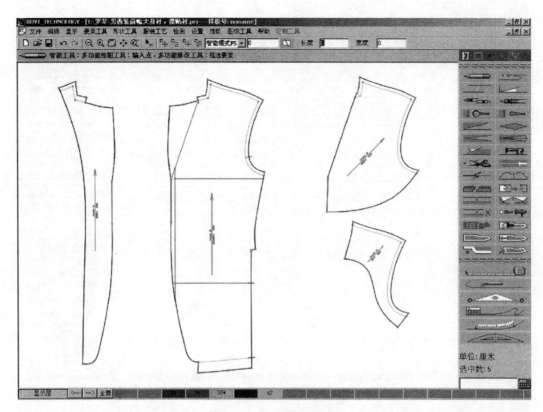

图3-45 衣身主要衬制图

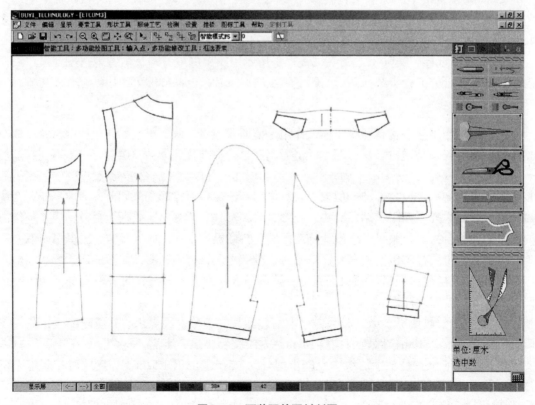

图3-46 西装配件配衬制图

④ 襟贴衬纸样。与襟贴净样形状及尺寸相同。肩线、领口处可保留缝份。

（2）西装配件配衬制图（包括后领口衬、小身及后幅袖窿处衬、大小袖袖口衬、领面领底领尖衬、大袋盖衬、胸袋唇衬等），如图3-46所示。

① 后领口衬。粘衬宽6cm，其长度及形状分别与后袖窿及后领窝相同。

② 小身及后幅袖窿衬。粘衬宽6cm，其长度及形状分别与后袖窿及小身袖窿相同。

③ 大小袖口衬。粘衬宽6cm，其长度分别与大小袖口相同。

④ 领面、领底、领尖衬。沿着领面、领底的领嘴串口处形状并加宽3cm。

⑤ 大袋盖衬。袋盖衬形状与面层袋盖净样相同。

⑥ 胸袋唇衬。胸袋唇衬只取面层手巾袋实样形状及尺寸。

（六）在放码系统中推放各号型

完成以上操作后，在放码系统中打开西装文档或直接转换到放码界面。用公式推档的方法进行西装推放操作，里料和衬料从面料衣片上直接复制得到，则放码量一样，在面料衣片上截取的衣片，参考所在线两端点的放码量，按比例分配。因此，首先要确认面料衣片各折线点的放码规则量。其他衣片，可利用系统提供的复制功能键进行逐点或整片规则复制。具体操作见后面里料规则设置介绍。

1.建立各部位档差表（图3-47）

尺寸\号型	34	36	38(标)	40	42	实际尺寸
胸围	-8.000	-4.000	0.000	4.000	8.000	115.000
腰围	-8.000	-4.000	0.000	4.000	8.000	102.800
臀围	-8.000	-4.000	0.000	4.000	8.000	108.390
后衣长	-4.000	-2.000	0.000	2.000	4.000	77.140
后腰节	-2.000	-1.000	0.000	1.000	2.000	40.290
后肩宽	-2.400	-1.200	0.000	1.200	2.400	48.260
后领宽	-0.400	-0.200	0.000	0.200	0.400	8.730
袖笼深	-1.400	-0.700	0.000	0.700	1.400	27.250
手巾袋	-0.600	-0.300	0.000	0.300	0.600	10.500
臀高	-1.000	-0.500	0.000	0.500	1.000	17.970
后宽	-1.000	-0.500	0.000	0.500	1.000	22.630
前宽	-1.000	-0.500	0.000	0.500	1.000	20.840
领围	-4.000	-2.000	0.000	2.000	4.000	41.920
袖长	-3.000	-1.500	0.000	1.500	3.000	58.920

打开尺寸表　插入尺寸　关键词　全局档差　追加　缩水 0　确认
保存尺寸　删除尺寸　清空尺寸表　局部档差　修改　打印　取消

图3-47　男西装各部位档差

2.确认面料衣片各放码点规则量（表3-14）

3.确定面料衣片放码网状图（图3-48）

4.确定里料衣片各放码点规则量（表3-15）

里料衣片通常在面料衣片上截取所需部分而得，因此，在放码规则上也是一样的，可利用系统提供的复制功能键进行逐点或整片规则拷贝。

5.确定里料衣片放码网状图（图3-49）

表3-14　西装面料衣片各放码点规则

各放码点名称	方向	襟贴	前片	后片	小身	各放码点名称	方向	大袖片	小袖片
颈中心点	X					袖山翘点	X	袖肥	
	Y	袖窿深	袖窿深	袖窿深			Y	袖山高/2	
侧颈点（两点）	X	后领宽	后领宽	-后领宽		袖衩点	X	袖口	-袖口
	Y	袖窿深	袖窿深	袖窿深			Y		
肩点	X		后肩宽/2	-后肩宽/2		袖口外侧点	X	袖口	-袖口
	Y		袖窿深	袖窿深			Y	-（袖长-袖山高）	
袖窿底点	X		胸围/6			袖口内侧点	X		
	Y						Y	-（袖长-袖窿深）	
袖窿翘点	X			-（胸围/6）	胸围/6	其他各点		领底线	
	Y						X	-后领宽	后领宽
腰线侧点	X		胸围/6	-胸围/6			Y		
	Y		-（后腰节-袖窿深）			各点		原身袋唇贴	
臀围线侧点	X		臀围/6	-（臀围/6）			X		
	Y		-（后腰节+臀高）-袖窿深				Y		
底摆侧点	X		臀围/6	-臀围/6		右侧点		面袋盖	
	Y		-（后衣长-袖窿深）				X	前宽/2	
底摆前和后中点	X						Y	（后腰节-袖窿深）	
	Y		-（后衣长-袖窿深）			右侧点	X	-（前宽/2）	
腰线前后中心线点	X					左侧点	Y	（后腰节-袖窿深）	
	Y		-（后腰节-袖窿深）						
前片内点	X		（腰围/6）						
	Y		-（后腰节-袖窿深）						

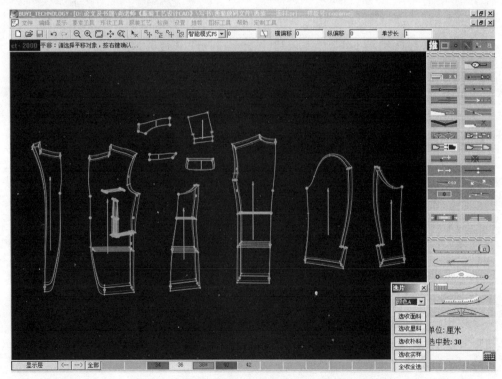

图3-48　面料衣片放码效果

表3-15　里料衣片各放码点规则量

各放码点名称	方向	前幅里布	后幅里布	小身里布	各放码点名称	方向	大袖片里布	小袖片里布
侧颈点	X	后领宽	−后领宽		袖山翘点	X	袖肥	
	Y	袖窿深	袖窿深			Y	袖山高/2	
肩点	X	后肩宽/2	−后肩宽/2		袖口外侧点	X	袖口	−袖口
	Y	袖窿深	袖窿深			Y	−（袖长−袖山高）	
袖窿底点	X	胸围/6			袖口内侧点	X		
	Y					Y	−（袖长−袖窿深）	
袖窿翘点	X		−（胸围/6）	胸围/6			领底线	
	Y				其他各点	X	−后领宽	后领宽
腰线侧点	X	胸围/6	−胸围/6			Y		
	Y	−（后腰节−袖窿深）					底袋盖	
臀围线侧点	X	臀围/6	−（臀围/6）		右侧点	X	前宽/2	
	Y	−［（后腰节+臀高）−袖窿深］				Y	（后腰节−袖窿深）	
底摆侧点	X	臀围/6	−臀围/6		左侧点	X	−（前宽/2）	
	Y	−（后衣长−袖窿深）				Y	（后腰节−袖窿深）	
底摆前和后中点	X							
	Y	−（后衣长−袖窿深）						
腰线前后中心线点	X							
	Y	−（后腰节−袖窿深）						

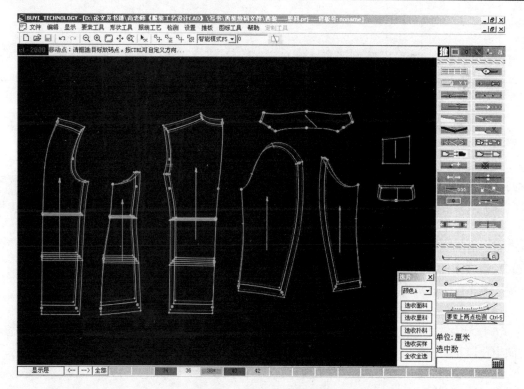

图3-49　里料衣片放码效果

6.确定衬料衣片各放码点规则量（表3-16）

具体操作都使用规则拷贝功能即可。

表3-16　衬料衣片各放码点规则量

各放码点名称	方向	襟贴衬	前幅大身衬	挺胸衬	肩衬
颈中心点	X				
	Y		袖窿深		
侧颈点	X		−后领宽		
	Y		袖窿深		
肩点	X		−后肩宽/2		
	Y		袖窿深		
袖窿底点	X		−胸围/6		
	Y				
腰线侧点	X		−（胸围/6）		
	Y		−（后腰节−袖窿深）		
底摆侧点	X		−（胸围/6）		
	Y		−（后衣长−袖窿深）		
前中各点	X				−后领宽
	Y				袖窿深

以上是大衣片衬料放码规则，对于零碎的小片，随衣身大片的相对应部位放量规则而定。

（1）后领口衬各点，随后衣片侧颈点放量规则，贴边两侧点分别随侧颈点放量规则，X方向放量为后领宽，Y方向放量为袖窿深，注意左右方向相反以正负表示。

（2）大小袖口衬各点，随大小袖袖口放量，X方向放量为（袖口/2），Y方向放量为（袖长−袖山高），注意左右方向相反以正负表示。

（3）后袖窿衬上的各点，对应后衣片肩点和袖窿底点的放量规则，贴边的两个点也分别取衣片肩点和袖窿底点的放量规则，肩点X方向放量为（−后肩宽/2），Y方向放量为袖窿深；袖窿底点X方向放量为（−胸围/6），Y方向放量为零。

（4）前胸袋袋唇衬，X方向放量为手巾袋，Y方向放量为零。

（5）大袋盖面衬，X方向放量为（前宽/4），Y方向放量为（后腰节−袖窿深），注意左右方向相反以正负表示。

（6）领尖衬，领尖处三点随衣领变化，X方向放量为（−后领宽），Y方向放量为零。其余两点不推放。

7.衬料衣片放码网状图（图3-50）

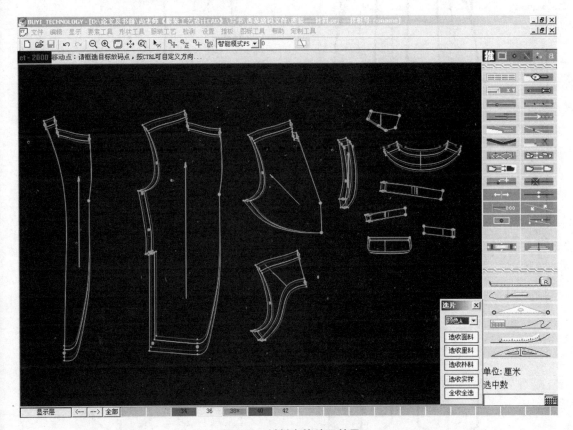

图3-50　衬料衣片放码效果

二、西裤

（一）款式结构特征说明

男西裤的样式比较固定，没有太多的流行变化，外形挺拔，穿着合体。本款是按照西装裤程式化要求设计的"Y"型散腿裤。前片四褶、后片四省（裤子前腰的褶和后腰的省是根据腰臀差来决定的，可做双褶、单褶和无褶三种形式，也可以做双省或单省两种形式）。裤侧袋为斜插袋，两只裤后袋双嵌线，右臀设倒山形袋盖，前开门里襟，六只襻带。里层结构有护膝绸（分统绸、半绸）、大小裤底（统膝绸省去小裤底）、贴裤角等。采用高档面料、高档工艺（图3-51）。

（二）成品规格系列

为了扩大覆盖率、提高适应性，宜设计为四种体型Y型、A型、B型、C型的全号型规格系列，详见表3-17。

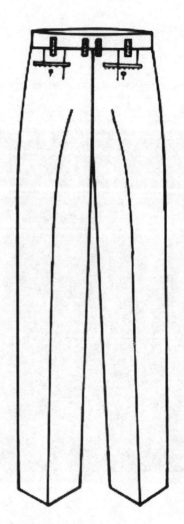

图3-51 男西装裤款式结构图

表3-17 以5.2系列中间号型为中心的男西装裤成品规格系列 单位：cm

部 位	号型\推导公式	Y	A	B	C	规格档差	备 注
		170/70	170/74	170/84	170/92		
裤长	规格尺寸	105				2	
	推导公式	（5/8）号					
腰围（W）	规格尺寸	72	76	86	94	2	规格档差均参照国家标准
	推导公式	W+2					
	规格尺寸	100.8	104	111	116.6	Y型、A型1.6 B型、C型1.4	
	推导公式	104−2×1.6	90+14 （H+放松量）	104+5×1.4	104+9×1.4		
上裆	规格尺寸	29.2	30	32	33.6	0.4	
	推导公式	H/4+4					
裤口	规格尺寸	44	46	49	51	1	
	推导公式	2.2/10H×2					

（三）细部结构分析

1. A型中间号型西装裤结构部位尺寸及分配公式（表3-18）

表3-18　西装裤结构部位尺寸及分配公式　　　　　　　　单位：cm

序号	部位	分配公式	尺寸	备注
1	裤长	105−4（腰头）	101	
2	上裆	上裆−4（腰头）	26	
3	臀位高	（上裆−4）/3	8.7	
4	中裆位	（臀高线至裤口）/2+3	44.8	
5	前臀宽	H/4−1	25	
6	小裆宽	0.4H/10	4.16	
7	前挺缝线	前臀宽×5/8	15.5	
8	前腰宽	W/4−1+4.5（双褶）	22.5	
9	前裤口	裤口/2−2	21	
10	后臀宽	H/4+1	27	
11	大裆宽	1.2H/10	12.48	也可从侧缝往里量 $\frac{H}{5}-1$
12	后挺缝线	后臀宽×5/8+3.5	20.2	
13	后腰宽	W/4+1+4（双省）	24	
14	后裤口	裤口/2+2	25	
15	侧袋长	1.5H/10	15.5	
16	后袋长	长：1.5H/10−1，宽：3	14.5	
17	贴脚条	长：20，宽：1.5，两端宝剑头	—	
18	大裤底	长：9，宽：12	—	
19	小裤底	长：9，宽：6	—	
20	腰头	搭位、宝剑头，长：80.5	宽：4或3.5	
21	穿带襻	长：8.5，剑头宽：3.5，底宽：2.5		
22	门襟底襟	底襟分鸡嘴、鸭嘴		

2. 制图要点

（1）臀围的放松量与分配。臀部的放松量直接决定西裤的合体程度，影响西裤的造型。此款臀部的放松量是12～14cm，属贴体性西裤。如果是宽松型西裤，那么臀围可以加松15～20cm制图时采用的是前小后大，有前后差，即前臀宽=H/4−1cm，后臀宽=H/4+1cm；这是因为此款较贴体，因此，制图时要与体型的腹臀变化相一致。

（2）腰围的放松量与分配。腰围的放松量变化不是很大，只要适合运动和坐椅时腰围增加的量就可以。因此，腰围的放松量为2～3cm。制图时，由于受臀围前小后大的影响，以及为插袋方便，西裤腰围也采用前小后大，有前后差，即前腰大=W/4−1cm，后腰大=W/4+1cm。

腰上的褶量、省量是根据腰臀差而定的。对于褶的设计而言，一般西裤的前腰褶量受腰臀差量控制，前腰除去两侧缝撇势、前腰大之后，剩下的量就是褶量。腰臀差大，就用两个褶；差量小，就用一个褶。而后腰省的设计受腰臀差量和臀部凸起量双重控制。凸臀量大，省量则必须加大，因此，一般女裤后腰省量往往大于男裤。如果腰臀差量大，凸臀量也大，就可以用两个省；反之，则收一个省。腰与臀在后裤片始终是有落差的。

在腰口线的处理上，前腰口线在侧缝起翘0.5～0.7cm（此现象常见于日本原型裁剪，中国裁剪方法往往取直线前腰口线），因为这样比较符合形体髋骨的凸起。后腰口线在后中缝起翘2～3cm，这是因为臀部凸起，另外，运动时臀围也需要有一定的伸展量。

（3）档的宽度。档的宽度是由人体臀腹部的厚度决定的，制图时是由小档宽与大档宽组合而成。一般情况下，小档宽：$0.4H/10$，大档宽：$1.2H/10$。此公式可根据人体体型及裤子臀围放松量的不同，进行适当调整。

制图时，大档宽（后龙门）要进行开落的处理。原因有两个，一是由于人体档部前高后低，另外，臀围运动时需要一定的拉伸量，所以后裤片相应要开落一些，这样能使后中线延长；二是调节前后裤片下档缝的长度，如果后龙门没有落档的话，后裤片下档缝就会过长，缝制时无法与前下档缝缝合。有时，即使后龙门落档了，也会形成后下档缝长于前下档缝的现象。这对于腿部向前运动很有利，在缝制时，通过归拨熨烫使前后裤片下档缝长度相等。

（4）裤口。西裤裤口的大小比较固定，变化不是很大，基本上测量方法是围量踝骨一周的尺寸为半裤口的尺寸。制图时后片裤口大于前片裤口3～4cm，这与臀围、腰围都有前后差有关。这样一来，整条裤子上下相呼应，比较协调。

具体尺寸关系及绘制方法可参考图3-52。

（四）男西裤结构制图

1.在服装CAD软件里绘制男西裤样板
按照男西裤基础纸样绘制方法，设置尺寸表，绘制男西裤基础样板，如图3-53所示。

2.男西裤净样板设计
西裤净裁片包括西裤前后幅纸样、前插袋纸样、后唇袋纸样、袋盖纸样、前拉链开口纸样及腰头纸样，如图3-54所示。

3.男西裤裁片放缝说明
所有西裤裁片均在外周增加1cm缝份。只有前后幅裁片裤口处缝份改为3cm，用于人字线布暗线挑脚；裤口处缝边角更改为反转角（图3-55）。

4.西裤样板资料编写
编写的资料有裁片名称、裁片数量、码数、布纹、样板标记、制作者及制作日期等信息。生产样板要求所有的样板资料必须齐全、正确而有效。尤其是要注意样板标记。西裤样板标记包括以下几项。

（1）对位剪口。前后幅内外侧缝拼接对位（在臀围线、中档线处打剪口）、袋衬上袋口位、腰头上拉链搭位处打剪口。

（2）省、褶裥记号。省道端点、褶裥均以剪口形式标注，离省道尖点0.3cm处打钻孔位。

（3）缝份标位。裤口非1cm缝份处做好剪口标位。

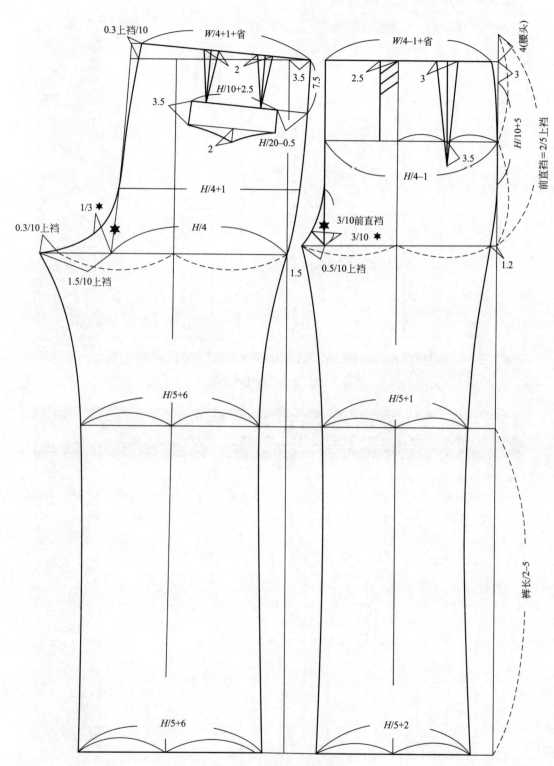

图3-52 男西装结构示意图

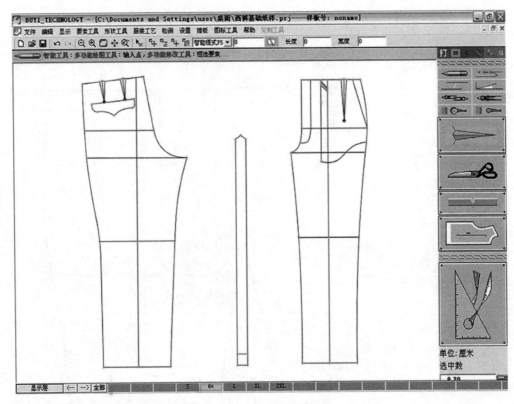

图3-53　男西裤基础样板图

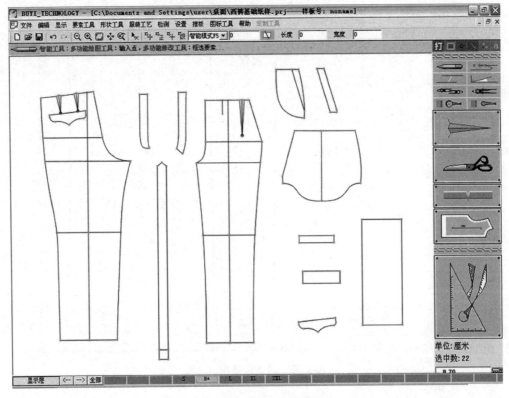

图3-54　男西裤净样板结构图

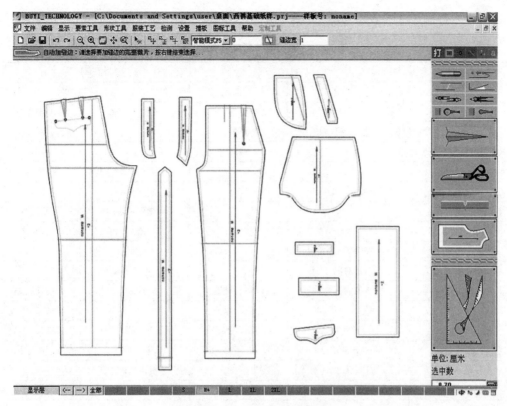

图3-55　男西裤成衣样板

（五）在放码系统中推放各号型

1.建立各部位档差表

在输入档差尺寸时，基础板（标准板）的尺寸栏也可以输入实际尺寸，以便于尺寸核查，如图3-56所示。在输入档差尺寸时，一般系统中都会有两种单位设置：厘米和英寸。

尺寸\号型	36	38(标)	40	42	44	46	实际尺寸
裤长	0	0	1/2	1/2	1'	1'	0
腰围	0	0	2'	4'	6'	8'1/2	0
坐围	0	0	2'	4'	6'	8'1/2	0
浪直	0	0	1/4	1/2	7/8	1'1/4	0
裤脚全围	-1/2	0	1/2	1'	1'1/2	2'	0
半脾围	-5/8	0	5/8	1'1/4	1'7/8	2'1/2	0
半膝围	-3/8	0	3/8	3/4	1'1/8	1'1/2	0
半脚围	-1/4	0	1/4	1/2	3/4	1'	0
袋深袋宽	0	0	0	3/16	3/16	3/16	0
浪宽量	-1/16	0	1/16	1/8	3/16	1/4	0

打开尺寸表　插入尺寸　关键词　全局档差　追加　缩水　0　确认
保存尺寸表　删除尺寸　清空尺寸表　局部档差　修改　打印　取消

图3-56　男西裤各部位档差表

2.确定各放码点的推放移动量（表3-19）

表3-19　男西裤前后裤片放码规则

各放码点名称	后裤片		前裤片	
	X	Y	X	Y
腰围线外侧点	−（腰围/4×0.74）	浪直	腰围/4×0.6	浪直
后腰省各点	参考腰线两侧点，保持原比例移动			
裤挺缝与腰围线交点		浪直		浪直
拉链牌腰线点			−（腰围/4×0.4）	浪直
腰围线内侧点	−（腰围/4×0.26）	浪直	−（腰围/4×0.4）	浪直
拉链牌臀围线各点			−（坐围/4×0.4）	浪直/3
臀围内侧点	坐围/4×0.3	浪直/3	−（坐围/4×0.4）	浪直/3
裆底线内侧点	半脾围/2+浪宽量		−（半脾围/2）	
膝围线内侧点	半膝围/2		−（半膝围/2）	
裤口线内侧点	半脚围/2	−（裤长−浪直）	−（半脚围/2）	−（裤长−浪直）
裤挺缝与裤口线交点		−（裤长−浪直）		−（裤长−浪直）
裤口线外侧点	−（半脚围/2）	−（裤长−浪直）	半脚围/2	−（裤长−浪直）
膝围线外侧点	−（半膝围/2）		半膝围/2	
裆底线外侧点	−（半脾围/2×0.98）		半脾围/2×0.98	
臀围外侧点	−（坐围/4×0.7）	浪直/3	坐围/4×0.6	浪直/3
拉链牌				
腰头				

3.面料衣片放码网状图（图3-57）

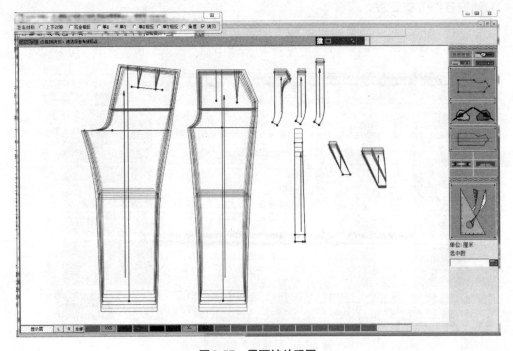

图3-57　男西裤放码图

三、女装上衣

（一）款式结构特征分析

如图3-58所示，该款女装大衣为X型长款，衣身为七开身，前后片有公主线，领型为翻驳领、前身为单排七粒扣，面料为薄毛呢。

图3-58　女装大衣款式结构图

（二）成品规格分析

以国家标准女装5·4.5·2A体型号型系列表为依据，根据款式设计要求，确定该款女装大衣的成品尺寸见表3-20，胸围加放量为16cm、腰围加放量为12cm、肩宽加放量为1.6cm、领围加放量为1.5cm、衣长加放量为50cm、袖长加放量为1.5cm、衣领加放量为8cm。

表3-20　女装大衣成品尺寸规格表　　　　　　　　　　单位：cm

部位 号型	胸围	腰围	背长	全臂长	肩宽	领围	衣长	袖长	领高
150/76	92	72	36	47.5	39	33	72	49	8
155/80	96	76	37	49	40	34	75	50.5	8
160/84	100	80	38	50.5	41	35	78	52	8
165/88	104	84	39	52	42	36	81	53.5	8
170/92	108	88	40	53.5	43	37	84	55	8
175/96	112	92	41	55	44	38	87	56.5	8
档差	4	4	1	1.5	1	1	3	1.5	0

（三）结构制图方法

该款女装大衣采用原型法绘制，先根据表3-20中的号型、背长、全臂长尺寸绘制第三代标准女装原型的上衣和袖子（可以160/84为中间码）。如图3-59所示为如何用原型法绘制女装大衣的尺寸和款式变化方法。

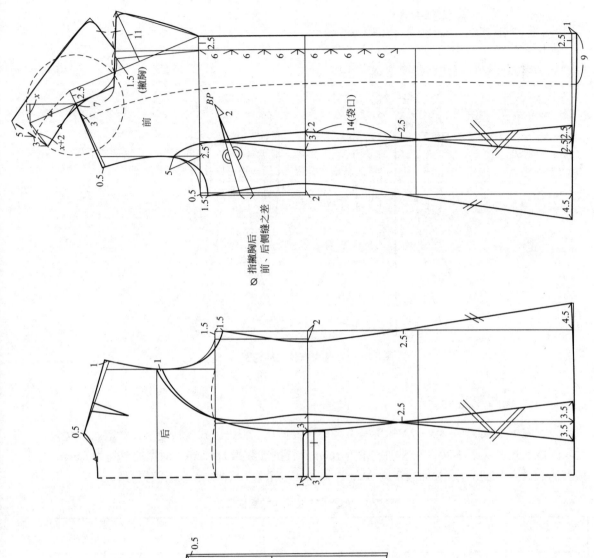

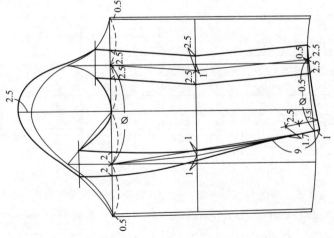

图 3-59　X 型七开身女装大衣结构制图

（四）在服装工艺系统中绘制西装样板

1.女装大衣基础纸样制图

按照规定的尺寸，用原型法绘制如图3-59所示大衣的基础纸样图。将基础纸样图中裁片分割出来，如后中片、后侧片、前侧片、前中片、挂面、大袖、小袖、衣领、腰带襻，如图3-60所示。

2.面料制板

放缝规格。普通分开缝（肩缝、后背缝、侧缝、袖外侧缝、袖内侧缝处）缝份为1cm，弯绱缝（如前后领窝处、前后袖窿处）缝份为0.8cm，底摆折边放缝份4cm。挂面驳头处放缝份1.5cm，前幅门襟止口处放缝份1.5cm，袖口折边放缝份3.5cm，袖山缝份为0.8cm，领子周边放缝份1cm，放缝结果如图3-61所示。

3.里料制板

（1）前片里布纸样。描出前片纸样，宽度取前片宽与襟贴宽之差，并且在襟贴边线处加2cm缝份。肩、袖窿和后领窝比衣面宽1cm；摆缝处略宽出衣面摆缝0.4cm；前衣里底边比衣面底边短1.5～2cm，此为宽松量，标明里口袋线。

（2）后片里布纸样。描出后片纸样，在后中心线部位（即背缝）加0.8cm的宽松量，以满足上体运动的需要，缝纫时则以褶裥操作。后衣里底边比衣面底边短1.5～2cm。

（3）侧片里布纸样。描出侧片纸样，长度取到侧片面料纸样底摆折边线上1.5～2cm。

（4）大小袖片衣里。袖里底边比袖面底边缩短1.5～2cm，并修顺线条，如图3-62所示。

4.定位标记

包括拼合线条的对刀位（前后片与侧片拼缝分别可在胸围线、腰围线和臀围线处打上剪口，大小袖拼缝分别可在手肘线处打上剪口）、装袖扼位（为了满足装袖的袖山容位量）、缝

图3-60　女装大衣基础纸样图

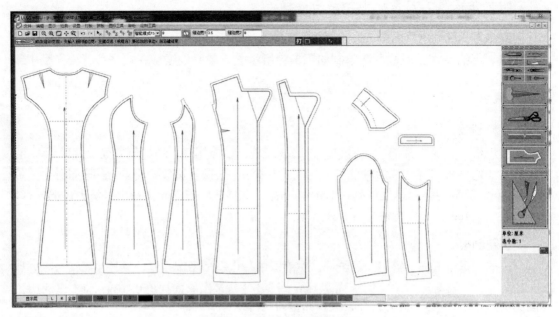

图3-61　女装大衣面料放缝图

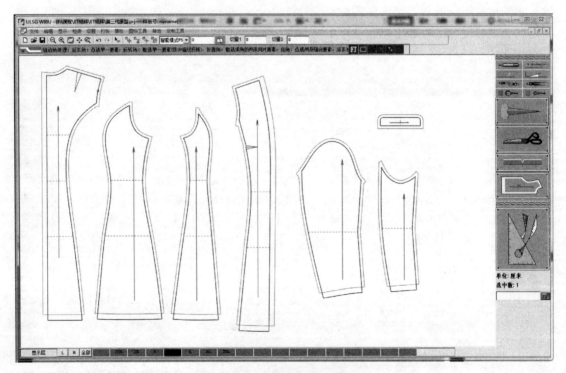

图3-62　女装大衣里料放缝图

份标位（非1cm缝份处原则上需要标出、袖山缝份、袖口折边和领嘴串口处需要标出），如图3-63所示。里料对位标记可参考面料。

文字标注包括纸样名称、码数、裁片数量、布纹线等。

5.衬布制板

女装大衣需在挂面、衣领处及腰带襻处贴衬，衬布纸样同挂面、衣领及腰带襻净样。

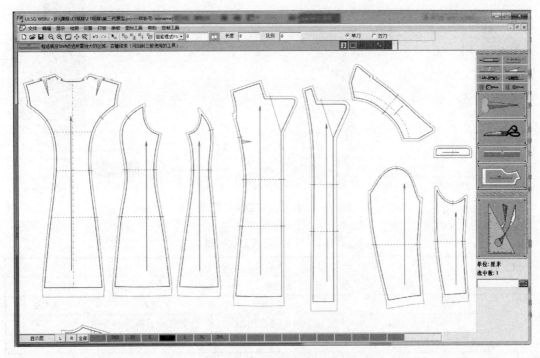

图3-63　女装大衣对位标记

（五）在放码系统中推放各号型

完成以上操作后，在放码系统中打开女装大衣结构文档或直接转换到放码界面。用公式推档的方法进行西装推放操作，推板方法参考本章样板推档实例。里料和衬料从面料衣片上直接复制得到，则放码量一样，在面料衣片上截取的衣片，参考所在线两端点的放码量，按比例分配。具体操作见后面里料规则设置介绍。

1.建立各部位档差表（图3-64）

2.面料衣片各放码点规则量

整件服装的胸围档差为4cm，因此，分配到整个前后片的档差为1cm，记做△胸围；胸围档差为4cm，因此，分配到整个前、后片的档差为1cm，记做△腰围。根据原型绘图公式及各部位档差，按照公式法进行放码，前后衣片以胸围线为X轴、以前后中线为Y轴进行推放，前后侧片以胸围线为X轴、以侧线为Y轴进行，大小袖片以袖肥线为X轴、以内侧缝线为Y轴进行推放，衣领以后中心为Y轴进行推放。前后衣片、大袖及衣领的各放码点的放码量计算见表3-21。

各放码点的公式及放码量也可根据客户需要或企业习惯进行设定。

图3-64 女装大衣各部位档差

表3-21 各放码点的放码量

裁片名称		放码点名称			
		后颈中心点	侧颈点	肩点	胸围线右点
后片	X		△胸围/12	肩宽/2	△胸围/2
	Y	△胸围/6	△胸围/6+△胸围/36	△胸围/6−△胸围/36	
		放码点名称			
		腰围线右点	下摆右点	下摆左点	
	X	△腰围/2	△胸围/2		
	Y	−（衣长−背长）	−（衣长−背长）	−（衣长−背长）	
裁片名称		放码点名称			
		领围线夹角点	侧颈点	肩点	胸围线左点
前片	X	−△胸围/12	−△胸围/12	−肩宽/2	−△胸围/2
	Y	△胸围/6−△胸围/12	△胸围/6	△胸围/6−△胸围/18	
		放码点名称			
		腰围线左点	下摆左点	下摆右点	
	X	−△腰围/2	−△胸围/2		
	Y	−（衣长−背长）	−（衣长−背长）	−（衣长−背长）	

裁片名称		放码点名称					
		袖山顶点	袖肥线左点	手肘线左点	手肘线右点	袖口左点	袖口右点
大袖	X	−△胸围/10	−△胸围/5	−△胸围/5		−△胸围/5	
	Y	△胸围×0.15		−袖长/2	−袖长/2	−袖长	−袖长

裁片名称		放码点名称					
衣领	X	领围/2					
	Y						

3. 面料衣片放码网状图

根据表3-21所示的各个放码点公式，用公式放码法推放出前衣片、后衣片、大袖及衣领，衣片上的省位可用"两点间比例"等放码系统提供的工具进行推放。前后侧片及小袖的推放可用点规则放码法，参考前后衣片及大袖的放码规则进行推放。面料衣片的放码网状图如图3-65所示。

4. 里料衣片放码网状图

里料衣片的放码过程可采用片规则复制法，参考面料各放码点的规则进行相应里料裁片的放码。放码网状图如图3-66所示。

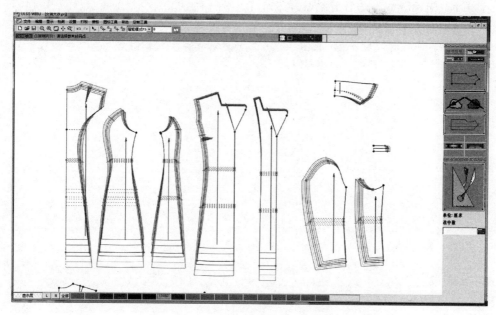

图3-65　女装大衣面料衣片放码网状图

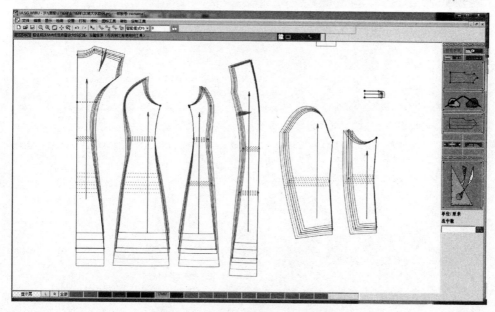

图3-66　女装大衣里料放码网状图

本章小结

　　本章重点介绍服装工业样板的作用、基础制作方法、推板原理及操作技巧，即在工业生产流程的运作下，服装纸样作为管理、指导、命令的资料，需要严格按照工业样板的制作要求进行，对缝边、折边、夹角、定位及文字标注说明等严格规范，以确保生产的正常运作，产生高质量的产品。针对市场客户体型的多样性，设计不同号型满足客户需求，同时，以数为基础、型为目的进行工业纸样的推板操作，选择适当的放码方式、给予准确的放码规则、得出均匀的网状图都是审核推板正确的操作要求。

　　本章重点要求熟练操作计算机纸样工艺设计软件进行工业样板的设计，以及服装纸样计算机辅助纸样开发、放码的步骤与方法，使用的操作系统是布易科技排料系统，不同的系统在处理排料文件时，都有各自的特点，实际应用操作时，还需参考各自系统的操作手册。

第四章

计算机辅助服装纸样排料

　　服装纸样的排料也是服装CAD的重要组成部分，排料系统的设计目标是在计算机的显示屏幕上给排料师建立起模拟裁床的工作环境。操作人员将已完成放码、放缝等工作的各种号型的服装样板，在给定布幅宽度、布纹方向、花格对齐、尺码搭配等限制条件下，用数学计算方法，合理、优化地确定裁片在布料上的位置。无漏排、错排现象，将排料信息传递到数控裁床，实现省时省料、剪裁自动化。

第一节　计算机辅助纸样排料概述

一、计算机辅助纸样排料系统

　　排料是在给定的布料宽度与长度上根据规则摆放所有要裁剪的裁片，且达到用料率最高。裁片摆放时，需根据裁片的纱线或布料的种类，对裁片的摆放加以某些限制，如裁片是否允许翻转、旋转、分割、重叠等。排料系统是专为服装行业提供排放布料的专用软件，在竞争激烈的服装市场中可提高企业生产效率，缩短生产周期，为增加服装产品的技术含量和高附加值提供了强有力的保障。

　　计算机辅助服装纸样排料系统主要具有以下特点。

　　（1）全自动、人机交互和半自动，按需选用。

　　（2）界面控制随意，可局部放大、换屏。

　　（3）键盘辅助操作排料，快速准确，系统提供快捷键为快速操作提供支持。

　　（4）自动计算用料长度、用布率、纸样总数、放置数。用布率是指已排放在操作区域内衣片的总面积与面料幅宽和所用布长度乘积的比值。

　　（5）显示所排纸样各尺码衣片数，当前排料的总体宽度、总长度、所使用面料长度、布料折叠排放的层数。

　　（6）裁片的定位。直接放置、强制重叠、拉线找位、键盘上方向键直线移动、自动找位。

　　（7）提供自动、手动分床。将几套衣服裁片排在一块面料上，或几片衣片排放在一块面料上，以达到最高用布率为目的的排料图设计，称为分床方案。在纸样设计时，设定每个衣片的面辅料属性，比如面料、里料或衬料等，则在排料系统中，衣片会依据已设定的属性，自动进入相应面辅料排料界面，称为自动分床。

（8）对不同布料的排料自动分床。

（9）对不同布号的排料自动或手动分床。

（10）提供对格对条功能。在系统对花对格排版方式之下，屏幕裁床上按条格的长宽显示出暗格或暗条。每个需对格排放的衣片在裁床上进行排放和调动时，计算机将自动地将其调整到最近的对格位置上，保证不会产生花纹图案对错的情况。确保衣片放在指定的位置上，需要先做定义条格操作，即定义唛架上的条纹、格纹或印花、仿真等重复图案。当正在排一要求将某特殊图案出现在纸样上指定位置的布料时，可选用定义条格命令，它将确保纸样在图案完整的情况下被正确切割。条格命令设置如图4-1所示，当对话框中的A、B、C、D的数值不同时，即可看到右边条格预览格子偏斜效果。

（11）可与输出设备接驳，进行小样的打印及1：1纸样的绘图及切割。

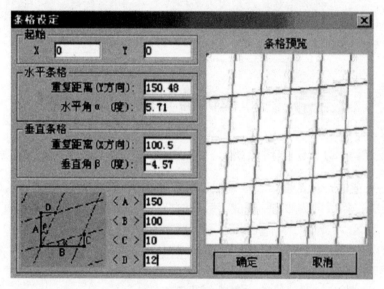

图4-1　条格设定界面

二、计算机辅助排料与传统手工排料的优势对比

（1）计算机排料可多次试排，并精确地计算各种排料图的材料用料率，以寻找最佳裁片组合方式，从而获得较高的布料利用率，比手工排料节约3%～5%。同时，由于计算机高度的精确性，不会漏排或重排，降低了差错率。

（2）排料操作人员在计算机屏幕上进行排料，一方面可减轻手工排料时来回走动的劳累程度；另一方面可通过换屏等操作纵观全局，以进行较好的裁片布局。

（3）计算机排料可大大减小手工排料时占用较大的厂房面积，同时，排料的信息有助于用来进行各方面的管理，如估料、核算成本等。

（4）计算机排料信息可传输给自动裁床，直接用机器代替人工裁剪。

第二节 计算机辅助服装纸样排料原理与规则

一、计算机辅助纸样排料原理

传统的排料是由人手工根据经验进行的，排料效率低、速度慢、劳动强度大、差错率高，且效果不理想。而计算机排料是根据数学优化原理，利用图形学技术设计而成的。把传统的排料作业计算机化，把排料师傅丰富的经验和计算机具有的快捷、方便、灵活等特征结合起来，从而快速获得较高材料利用率的一种计算机辅助设计方法。

二、计算机辅助服装纸样排料的规则

不管是手工排料还是计算机排料，其目的都是要找出一种用料节省、排列合理的纸样排放形式，要达到此目的，从大的方面来讲，一般要按下述原则排料。

1.先大后小

先排面积较大的裁片，后排面积较小的裁片。

2.交叉排列

形状凹凸或大小头的裁片交叉排列。

3.防倒止顺

在对裁片进行翻转或旋转时特别注意防止“顺片”或“倒顺毛”现象。

4.大小搭配

几件套排，特别是当大小不同规格的纸样套排时，相互搭配，统一排放，使不同规格之间的纸样取长补短，实现合理用料，而且可大大提高用布率。

5.合理切割

为提高面料的利用率，可对次要的裁片的某个部位进行切割处理，切割处理可自动加放缝份，但切割处理的裁片不宜再做旋转或翻转处理，切割处理的裁片还可自动合并复原。

6.适当搭搁

针对有些部位可以适当搭搁，以提高面料的利用率。搭搁位置和数值可在衣片属性里设置。此种操作必须严格按照生产情况设置，否则会出现影响产品质量及浪费面料情况。

7.针对旋转

不是主要部位衣片，根据实际排料情况，为提高用布率，可在5°内进行衣片转动。旋转后的衣片可自动恢复原状。

三、计算机辅助排料系统基本界面状况

计算机辅助排料系统（ET排料系统）界面如图4-2所示。

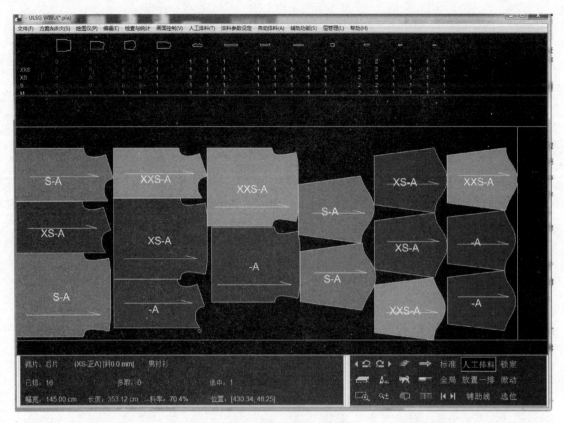

图4-2 ET排料系统界面

（一）交互排料操作工具

1.操作界面工具

包括放大、恢复、换屏、清除散点等。

2.删除工具

这里的删除是将排放区域内的衣片删除放回衣片显示区域，有逐片删除、成组删除。

（二）衣片操作工具

1.衣片旋转

包括水平翻转、竖直翻转和任意角度翻转。

2.成组复制、移动

衔接很好的衣片可以选择同时操作。

3.强制移动

在服装制作过程中，允许某些部位欠缺一点，但不能妨碍外观。在排料过程中可以强行将可搭摞的衣片移动靠近。

4.剪刀

将可分割的衣片剪开排放，可提高用布率。有三种方向选择切割：平行纱向、垂直纱向和任意方向。

（三）显示信息操作工具

1.排放填充显示
不同号型以不同颜色填充显示，可更好地观察排放情况。

2.内线显示
衣片内部结构线的显示。

3.净板显示
便于查询是否有净板重叠的现象。

4.布纹线显示
查看是否有翻转错误的衣片，要保持布纹线和经向的一致性。

5.号码显示
所排衣片号型显示。

6.名称显示
衣片的名称显示。

（四）显示排料状态及结果

（1）显示待排衣片外形及数量。
（2）显示已排数量和未排数量。
（3）排料用布率。已排放在操作区域内衣片的用布率。
（4）布宽。随时显示，选择制订的布幅宽度。
（5）布长。已排放在操作区域内衣片用布的长度。

（五）对花对格操作

1.面料设置
指定面料循环单位：格子宽、格子长及边格宽。

2.编辑需对格衣片，设置对格点
对格点有三种状态：横向对格、纵向对格、横纵向都对格。

3.系统通常采用的操作方式
一是先设置对格点，再排放；二是选排放需对格衣片，再编辑。排放顺序是，先对主片操作，再选择附属片（图4-3）。

（六）排料中的取片方法

（1）在纸样待排区中，单击裁片下的号型数字，就可取下相应的裁片。
（2）在纸样待排区中，框选裁片下的号型数字，只可取下框内相应的裁片。
（3）在纸样待排区中，单击号型名称，可取出此号型的一套裁片。

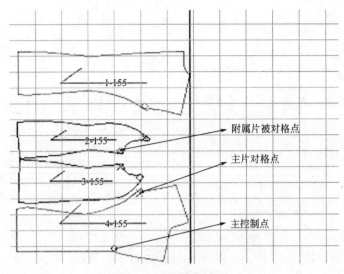

图4-3　对格排料图示

第三节　计算机辅助服装纸样排料的方式

在计算机辅助服装纸样排料系统中完成排料一般有以下几种方式：交互式排料、全自动排料、半自动排料、智能自动排料，且目前大多数系统的人机交互排料功能较完善。

一、人机交互式排料

人机交互式排料是指按照人机交互的方式由操作者利用鼠标或键盘根据排料的规则和排版师的经验将各种不同款式及不同号型的裁片，通过平移、旋转、分割、翻转等几何变换来形成排料图，主要功能如图4-4所示。其中，每排放确定的一个裁片，系统会随时报告已排放的裁片数、待排裁片数、用料幅宽、用料长度、利用率和用料缩率等信息，有的软件系统还会给出段耗。这种方式多用于服装生产企业正式的裁剪过程（图4-5）。

在交互式排料的运作模式之下，排料师首先要组织和编辑好包括全部待排衣片的待排料文件。依靠放码系统所提供的衣片样板文件，在计算机上只需几分钟就可以完成这一任务，而且号型搭配准确，不会多片，也不会遗漏衣片，保证了排版工作的正确和可靠。进入到交互式排版状态，计算机显示屏幕的上方将显示出所有的待排衣片，下半部就是模拟裁床。应用图形显示的滚动技术，小小的屏幕上可以显示上百片的待排衣片。模拟裁排料师可以逐一从屏幕上部点取待排的衣片，放到模拟裁床上。选好初始床的长度可以是30m、50m甚至更长。依靠光笔或鼠标等人机交互工具，调整位置和靠拢方向，衣片将被自动优化靠拢和贴紧，放置到最优位置上。开窗放大功能使排版师可以看清裁床上的局部细节。软件的覆盖检验功能，将会对衣片之间有重叠的现象自动报警。在排版师的控制之下，充分发挥和依靠自身的经验和智慧，完成全部衣片的排放工作。屏幕上显示出全部排版图、布长、布幅宽和用布率等信息。

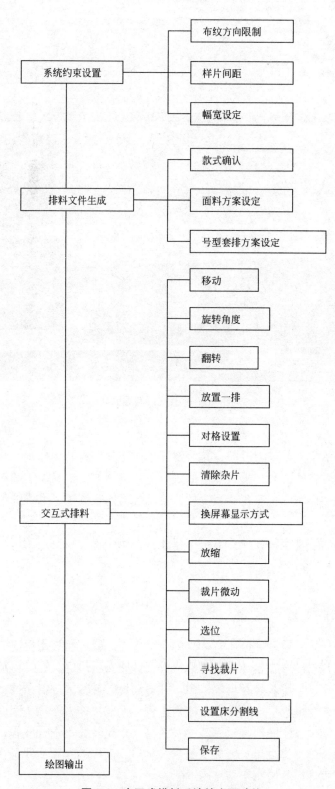

图4-4 交互式排料系统的主要功能

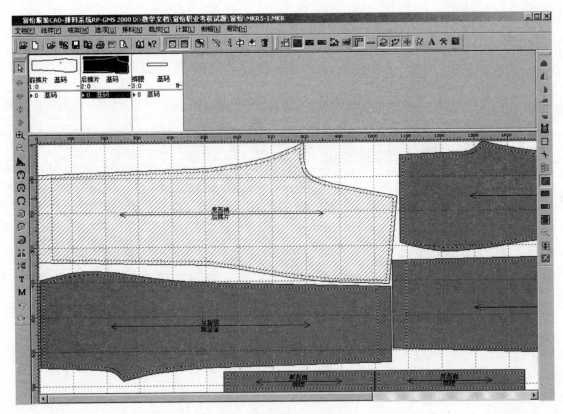

图4-5 交互式排料界面

交互式排料模仿了人工排版过程，充分发挥了排版师的智慧和作用。同时，由于在屏幕上排版，衣片排放位置的调整和重放不留痕迹，非常灵活方便；又无需铺布和占用裁床；屏幕上随时提示当前的用布率和布长，为排放方案的优劣比较提供了准确的依据；排版师无需在十几米长的裁床前奔忙，大大缩短了排版时间；给排版师提供了反复排放、进行方案比较和优化的条件，从而使排版师在计算机上排料能获得比手工排料更高的用布率，据统计通常可提高用布率1%～3%。

二、全自动排料

全自动排料是计算机自动完成所有裁片的自动排放。计算机按用户事先设定的方式来自动配置裁片，让裁片自动寻找合适位置靠拢已排裁片或布料边缘。在排料的同时自动报告用料长度、布料利用率、待排裁片数目等信息，并自动检查裁片的排料条件，如限制某一裁片可否翻转、限定旋转角度等。自动排料在排料过程中无需操作者干预，因而速度快，但大多数软件系统的排料结果显示面料利用率与交互式排料相比较并不十分理想，所以这种方式常作为估料、计算单耗使用，或用于较规范的款式排料。同样的衣片文件，在自动排料的情况下，通常没有交互式排料的用布率高（图4-6）。

按用户事先设定的方式，自动排料又可分为设定排料时间、设定排料方案数、设定排料利用率或前台自动排料（排料过程显示在计算机屏幕上）、后台自动排料（计算机屏幕不显示排料过程）等。通常有两种方法设定进行自动排料：时间或次数，即在设定的范围内，计算机自动排出最高的用布率。

　　由于可选方案数量非常庞大，即使在当前计算机主机达到每秒100兆次运算的情况下，也不可能实现遍历式的搜索和比较。另外，至今尚未研究出有效的机理和方法，把排版师的经验和智慧整合到自动排料方式中，因此，自动排料软件通常作为辅助参考和依据。实际生产中主要应用交互式排料。依靠计算机科学技术在智能领域——知识工程、机器学习和神经网络等技术方面的不断发展，自动排料软件将会不断得到提高，从而在生产中发挥更大的作用。

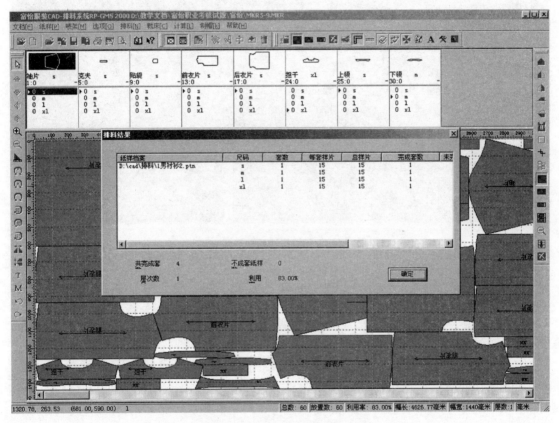

图4-6　自动排料用布率显示

三、半自动排料

　　半自动排料是介于交互式排料和全自动排料之间的一种排料方式。只需指示待排裁片，系统首先进行自动排放，然后由操作者以人机排料方式排放其余裁片，最后产生完整、合理的排料图。或在计算机自动排料过程中操作者可随时干预，将排料过程暂时中断，人工调整裁片排放位置，之后再恢复。如图4-7所示，先将需排料的一些大片、不可切割旋转的主要衣片一排一排自动放置，排放完毕这些衣片后，再手动交互式排放其他小片，这样加速了排料速度，同时又可以最大限度地发挥人和计算机的优势，提高了用布率，降低了成本。

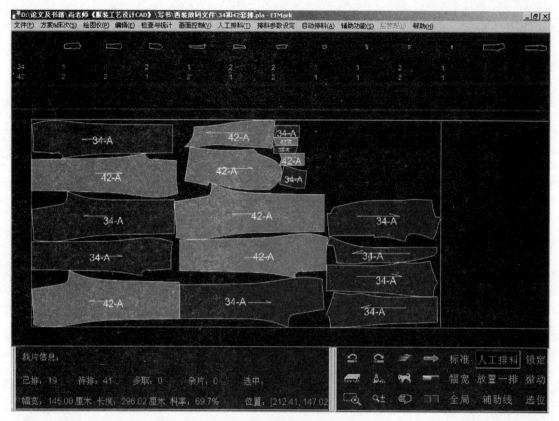

图4-7　半自动排料自动放置一排

四、智能自动排料

智能自动排版系统，采用最新的模糊智能技术，结合专家排料经验，能实现全自动排料、高效自动调节、择优选择最好的排料结果，大大改进用料率。智能自动排料软件能够模仿曾经做过的优化排料方案进行排料，还可进行无人在线操作，系统深夜持续运转可处理大量排版任务，大大缓解了排版人员的繁重劳动。

此系统可提供两种排料方式：一是一次完成，速度快；二是设定一定的时间，要求在一定时间内完成，此方式虽然没有前一种速度快，但利用率高（图4-8）。如有的系统50片的排版工作在7～10min后即可获得较为满意的结果。且随之推出的排版图优化软件，有的也叫人工智能自动挤压排料软件，还能在前面已排好的基础上进行优化，能提高0.86%的利用率。相信随着计算机科学技术在智能领域的不断进步，智能自动排料软件将会不断提高，从而在生产中发挥更大的作用。

另外，随着网络的迅速发展，目前还出现了一种网上自动排料方式，就是通过网络把需要进行排料的裁片发送到相应的网站上进行自动排料，排好后再把结果发回，10min可排40个。这种方式的优点在于企业不用购买排料软件系统，节省了场地、资金，而且不需要配置人员。

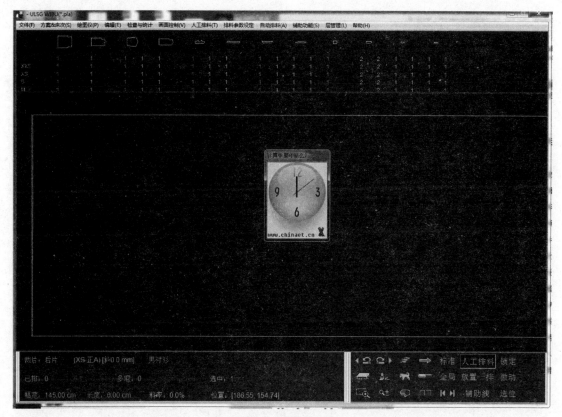

图4-8 ET智能排料系统

第四节 计算机辅助服装纸样排料过程

在排料前，先要按照衣片对面辅料的要求，在每个衣片属性上标识清楚。这样，在进入排料系统选择文件时，系统会自动根据面辅料的不同，要求操作者分别设置面辅料，并且在排料中分别设置排料界面，以方便操作者操作，从而减少因面辅料的复杂性而造成的人为误差。在此节中，以男装西装套装为例，说明在布易服装工艺设计系统中进行服装纸样排料设计的操作过程及细节操作技巧。其他服装和系统操作类似，不再重复讲述。

一、建立新的排料文件

1. 选择排料文件

在系统文件菜单中选择新建功能，出现"打开"窗口后，选择需要排料的文件，可选多个，按"增加款式"后，文件增加到右边白框内，款式选择完毕，按"OK"键，弹出"排料方案设定"对话框。在此，如果西装套装的结构文件是两个，比如上装一个文件、下装一个文件，则按"增加款式"将一套服装同时进行排料。对于系列服装款式设计中多个结构设计文件，则在此可多次增加款式即可将同种面料及需要插排的款式同时选择（图4-9）。

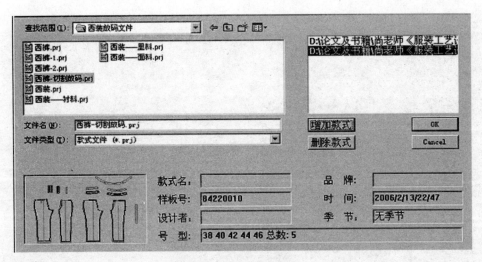

图4-9　选择排料文件

为了体现系统操作方便和随意，先排放西装上衣，待西装上衣排放完毕，再将西裤文件增加到已排放好的西装上衣文件中。

2.分床方案设定

按照排料规则，大小号插排，可提高用布率。男装西装套装基准版是38号，在"排料方案设定"对话窗口的"号型名"处选择34号和42号各一套，其他号型设置为零。套数设定完毕，点方案名清空下方文字，按"床信息预览"，此时"排料方案设定"对话框会改变（图4-10）。

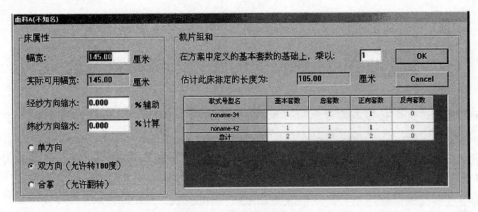

图4-10　排料方案设定

3.设置面料

"排料方案对话框"中内容填写完毕，按"OK"键，即可出现面料设置窗口。首先设置面料的幅宽，如面料需设缩水量，则在"经纱方向缩水"及"纬纱方向缩水"处填写相应的实测面料缩水量。其次，根据裁片的转动属性，设定裁片是单方向、双方向或合掌旋转或翻转方式等。再次，设置裁片各号型的"正向套数"及"反向套数"和设置方案的倍数，即在方案设定中定义的基本套数的基础上，成倍数增加排料裁片数。完成以上设置后，按"OK"键，即可进入排料界面（图4-11）。

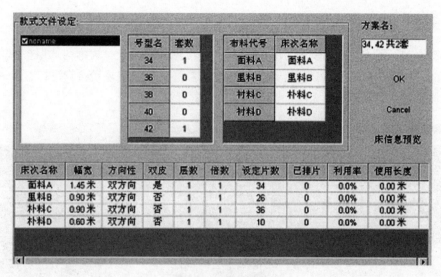

图 4-11　面料设置

织物的幅宽一般是根据织物的用途、产量、织机的幅宽而定的。面料的幅宽常见规格有
90cm、114cm、145cm、150cm；里料幅宽常见规格则为110cm、120cm；衬料中黏合衬幅宽
多为88～90cm，马尾衬幅宽不超过50cm。以上是面料的设置，对于其他布料的设置，在
系统菜单"方案＆床次"的"当前方案设定"功能键中分别选择里料、衬料等布料的设置
（图4-12）。同时，此功能在排料的过程中随时可查看不同面辅料的排料情况。

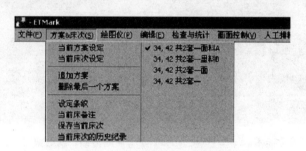

图 4-12　分别设置里料、衬料等布料

4.排料参数设定

设定与交互式排料相关的参数。如图4-13所示，可以设定裁片间最小间距、裁片与布
边间距、强行放置收缩量、手工微调移动量以及借助键盘任意转动裁片的角度和一次动作的
微转量等。

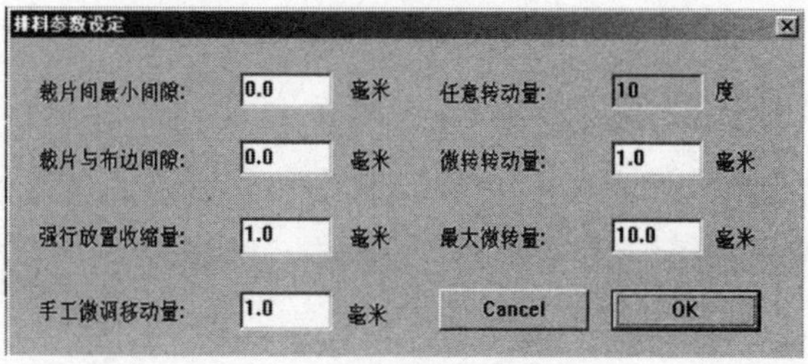

图 4-13　排料参数设定

二、估料

在排放之前，可先用自动排料功能进行排料，以比较说明交互式排料的用布率高。选择菜单栏中的"自动排料"下拉式菜单中的"自动排料"功能，则系统会自动以裁片长度为标准进行排料，效果如图4-14所示。

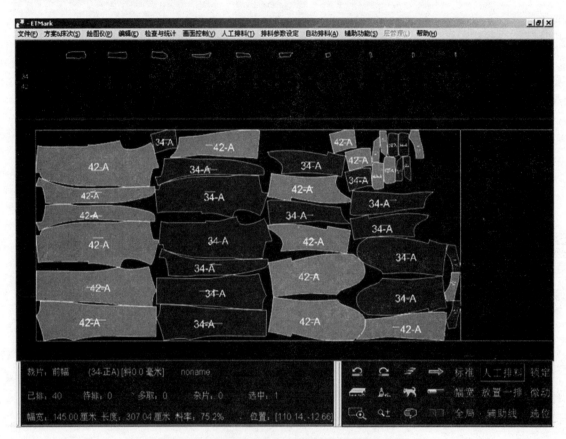

图4-14 男西装34号和42号面料自动排料效果

在排料信息栏中显示如下。

1.已排

显示34片，是指当前排料图中正式排放的有效样片。

2.待排

显示0片，指等待排放的裁片，这些裁片均放在待排区内，因为已排放完毕，因此排片数为零。

3.多取

显示0片，是指在排料系统中，允许选择方案设定片数之外的多余样片，此时多选片数后面会有相应的数值，而待排区裁片下的数字也会有负数出现。

4.杂片

显示0片，指在临时放置区内随意放置的裁片，因为全部排放完毕，所以为零。

5. 幅宽

显示145.00厘米，指明当前床次排料图的幅宽。

6. 长度

显示307.04厘米，指当前自动排料图的长度，即用料长度为302.55厘米。

7. 料率

显示75.2%，指排料区的裁片，在面料上的实际使用率。

用同样方法将面料、里料、衬料进行全自动排料，以方便估算耗料。

根据自动排料效果，可以看出用布料不是很高，这是因为系统以裁片的长度来进行自动排放，结果可作为估算耗料或者在此基础上应用人机交互式排料方式再进行调整个别裁片，以达到最高用布率的目的。手动交互式排料调整后效果如图4-15所示。

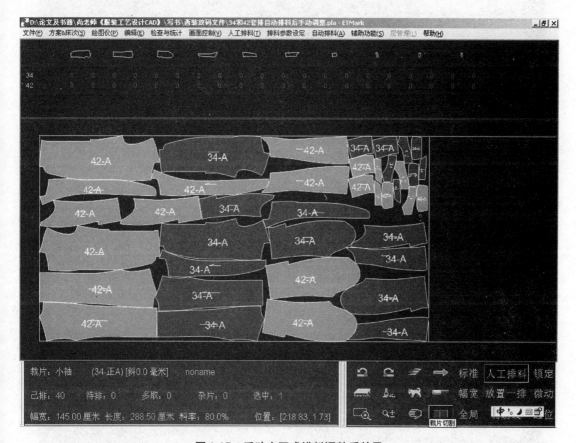

图4-15　手动交互式排料调整后效果

三、半自动排料排放样板

半自动排料是介于交互式排料和全自动排料之间的一种排料方式。先将需排料的一些大片、不可切割旋转的主要衣片一排一排自动放置，排放完毕这些衣片后，再手动交互式排放其他小片，这样可加速排料速度。在菜单栏中"自动排料"下拉式菜单中选择"放置一排功

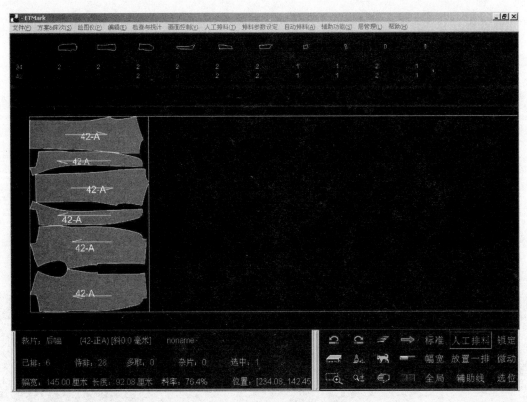

图4-16 放置一排功能排料效果

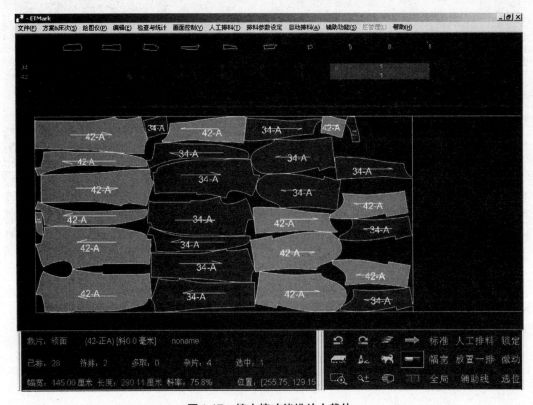

图4-17 接力棒功能排放小裁片

能"，每选择一排放置，系统以长度优先自动将衣片从左下方进行排放，自动对齐左排衣片。在每一次的排放一排操作中，有可能排放效果不太好，可选择人工排料方式进行衣片调整操作，排料效果如图4-16所示。大片放置完毕，可用接力棒功能排放小裁片，如图4-17所示。排放满意后，在当前方案设定中直接切换到里料、衬料的排料界面，排料的方法同面料排放。

四、增加排料文件

西裤的排料操作和西装上衣排料操作一样。这样操作的结果是西裤和西装上衣各自一个文件，如果需要一整套服装的排料图，虽然在制作板型时是分开制板并放码的，但在排料的时候，因为是一套服装，面辅料一致，也可以在西装的排料基础上，增加西裤文件，操作结果是一整套服装的排料图。

具体操作是在"文件"下拉式菜单中选择"增加款式"，重新出现"排料方案设定"，按照上衣的号型设置同样选择西裤的34号型和42号型（图4-18）。设置完成，在衣片区域即可出现新增加的西裤衣片缩图。应用放置一排和人工排放两个功能即可完成整套西装的排料图。

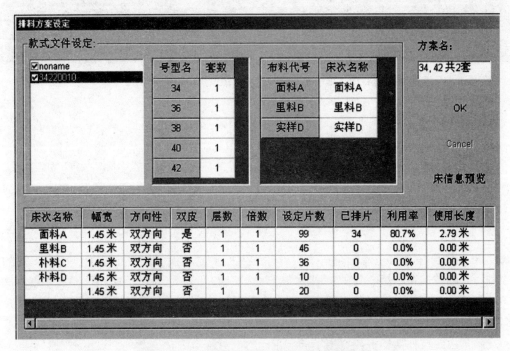

图4-18　在西装排料图上增加西裤排放号型

排放完毕后，在"绘图仪"下拉式菜单中选择"信息栏设置"，即可出现此次排料信息，包括排料号型、面料情况、经纬向缩水、幅宽、用料长度、本裁床的套数、每套的大约用料长、总共排放的衣片数、排料人员的名字和排放时间等信息。这些信息在绘图仪输出时，会首选打印在排料图上，以便核查排料情况（图4-19）。

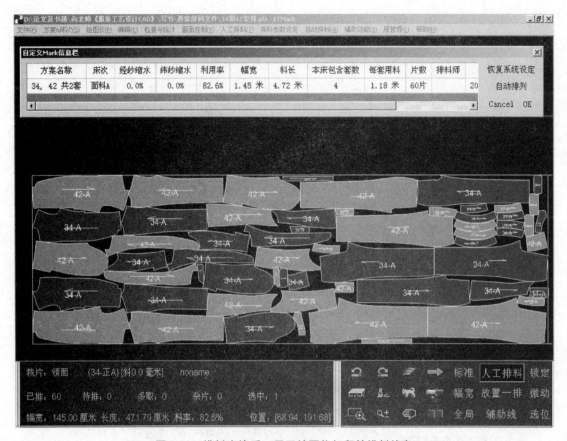

图4-19　排料完毕后，显示绘图仪打印的排料信息

第五节 计算机服装排料实例——文胸

　　文胸产品所需要的面辅料非常多，罩杯的表面蕾丝花型面料、中层的垫棉、内层的汗布；侧拉片的拉架布；鸡心片的定型纱等。一个文胸产品因部位的面辅料不同产生不同排料图。对于外衣而言，一件服装不同部位裁片是同种面料时可进行分床方案设计；内衣裁片排料时就只能依据部位面料的不同进行排放，同面料不同号型的排料应分床方案设计。

　　文胸常用面料种类多，幅宽也不同。蕾丝的面料幅宽因花型及色纱设定不同而不同，常规为147cm；拉架布为61英寸宽，大约为155cm；定型纱幅宽约为152cm；垫棉幅宽约为120cm；莫代尔幅宽约为165cm；棉幅宽约为150cm；琼丝汀幅宽约为170cm；渔网布幅宽约为150cm；丝光棉幅宽约为175cm；彩棉幅宽约为175cm。下面以有垫棉罩杯文胸为例说明排料操作过程，款式结构如图4-20所示，下扒和鸡心部位是蕾丝面料，罩杯与后片为莫代尔面料，有垫棉和内袋设计。以一打为基础单位进行排料与耗料估算，各个号型共为48件。

图4-20　文胸款式结构图

一、建立排料文件

在系统文件菜单中选择新建功能，出现"打开"窗口后，选择需要排料的文件"有垫棉罩杯文胸"，按"增加款式"后，文件增加到右边白框内，款式选择完毕，在此，如果不同款式同种面料的一系列文胸结构文件有多个，则按"增加款式"可选择增加，可将同种面料、需要插排的款式同时选择进行一床排料设计。选择文件完毕，按"OK"键，弹出"排料方案设定"对话框。

"排料方案设定"对话框中选择"增加床"对面料和排放方式等进行设置。先设置缝制有垫棉文胸所需的所有面辅料的名称、幅宽、缩水等信息。如面料需设缩水量，则在"经纱方向缩水"及"纬纱方向缩水"处填写相应的实测面料缩水量。根据裁片的转动属性，设定裁片是单方向、双方向或合掌旋转或翻转方式等。设置裁片各号型的"正向套数"及"反向套数"和设置方案的倍数，即在方案设定中定义的基本套数的基础上，成倍数增加排料裁片，如图4-21所示。完成以上设置后，按"OK"键，即可进入排料界面。

排料方案设定

增加床	标准组合	编缝床	删除床	任务单	计算	打印小图	打印大图	Cancel	OK

布料	幅宽(厘米)	颜色	方案	经纱缩水	纬纱缩水	利用率	使用长度	方向性	备注
蕾丝	147.000		70A+75A+80A+85A ＝ 4套	0.0%	0.0%	0.0%	0.000 cm	双方向	
定型纱	152.000		70A+75A+80A+85A ＝ 4套	0.0%	0.0%	0.0%	0.000 cm	双方向	
垫棉	120.000	肤色	70A+75A+80A+85A ＝ 4套	0.0%	0.0%	0.0%	0.000 cm	双方向	
莫代尔	165.000		70A+75A+80A+85A ＝ 4套	0.0%	0.0%	0.0%	0.000 cm	双方向	
汗布	150.000	肤色	70A+75A+80A+85A ＝ 4套	0.0%	0.0%	0.0%	0.000 cm	双方向	

图4-21　排料方案设定

二、分床方案设定

在"方案＆床次"菜单中，可进行任务单的设置，也可以在提取排放的文件后，在"排料方案设定"中进行"任务单"的设定。任务单是指不同号型、不同面料颜色所需要生产的成品数，依据市场分布配置各号型、颜色及数量，系统自动完成分床方案设计。在"任务单"窗口按照产品颜色和不同号型所需产品的数量进行输入，确认后，进入分床窗口界面，点击"分床"系统自动给出各号型的裁剪方案，如图4-22所示。

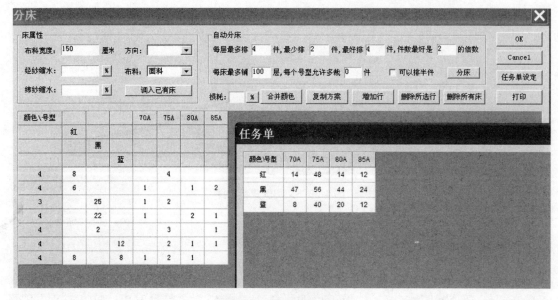

图4-22 分床方案设定

三、各裁片排料图

文胸的各个裁片片形较小，采用"接力排料"工具进行排放，减少从裁片放置区点选提取裁片的重复操作。

1.下扒与鸡心片蕾丝面料的排料图

图4-20所示款式图，下扒与鸡心片是蕾丝设计，蕾丝花型宽度以30cm为例进行操作，因此，在排料中需要根据花型面料进行对花对格排放，以确保花型的完整性和对称性。需要对花对格操作的裁片在结构系统中对裁片上的主要部位进行"对格线"设置，如图4-23所示。

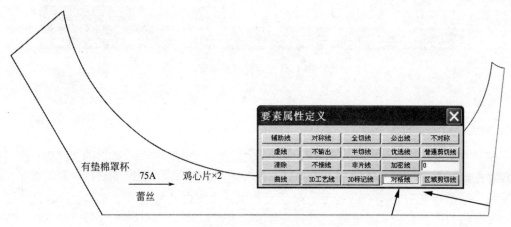

图4-23 对格线设定

　　在纸样系统中设置对格线属性后，进入排料系统，在"方案＆床次"菜单中，选择"条纹设定"，将蕾丝平铺在裁台上，并测量自然回缩放置24h后的花形循环实测数据值，按照要求进行输入。排料提取衣片的时候，先提取左片裁片排放，放置好后，再提取右片裁片排放，系统自动根据第一片裁片的排放位置对称性放置（图4-24）。

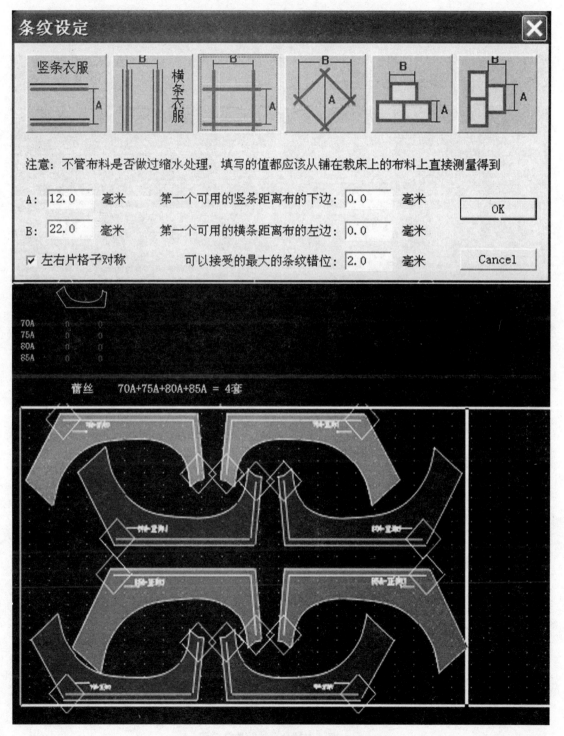

图4-24　对格设置和罩杯蕾丝裁片排放图

2.罩杯及后片裁片的排料图

罩杯和后片是莫代尔面料，在排放的过程中，需要注意同部位的裁片组合成为一个整体，再进行总体排放，可以提高用布率。先排放大号型的裁片，最后插空排小裁片，如图4-25所示。

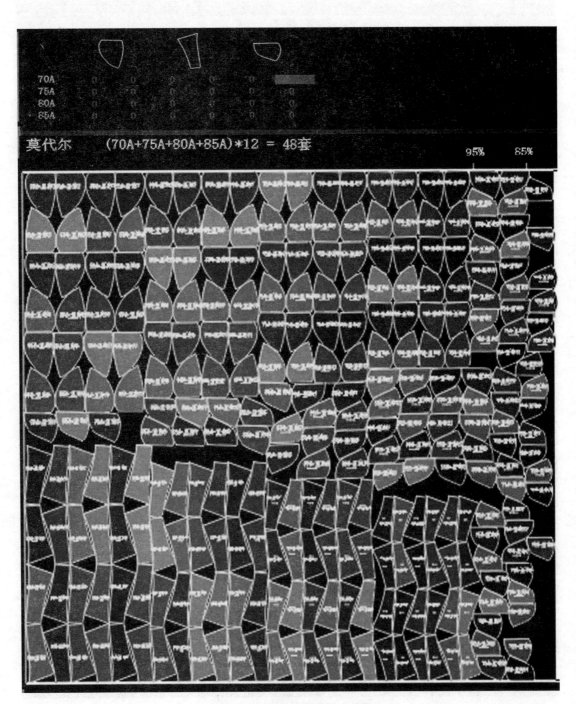

图4-25 罩杯及后片裁片排放图

3.垫棉里料的排料图

罩杯内的垫棉拼接缝合形成立体的杯型，这样的工艺可生产加工出很多的罩杯造型，比一次性成型模杯成本低（图4-26）。

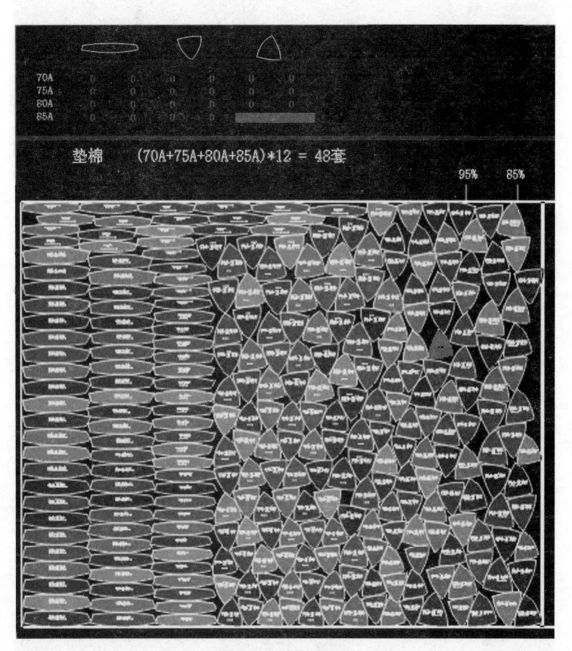

图4-26 垫棉裁片排放图

4.定型纱里料的排料图

定型纱是在蕾丝内层，减少因蕾丝弹性而造成的心位、下扒变形的纱。先排放大码定型纱裁片，插排小号型的裁片（图4-27）。

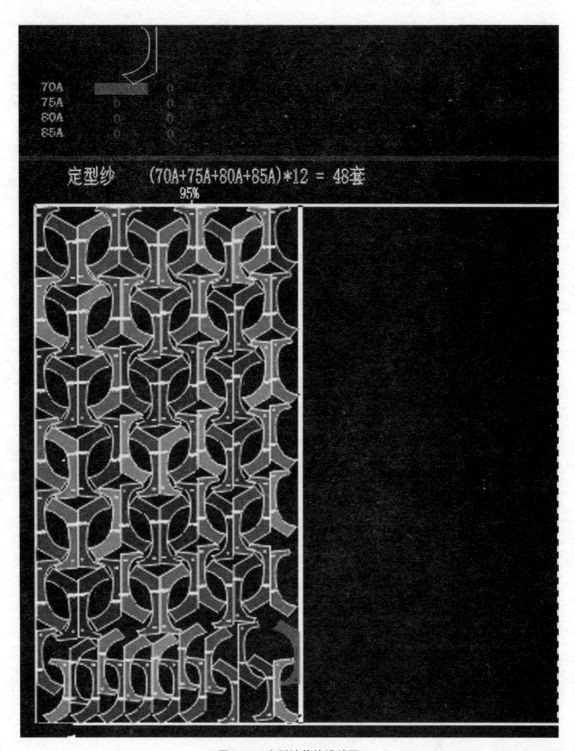

图4-27　定型纱裁片排放图

5.内袋棉布的排料图

内袋裁片形状上没有太大的差异，排放的时候错位插排即可（图4-28）。

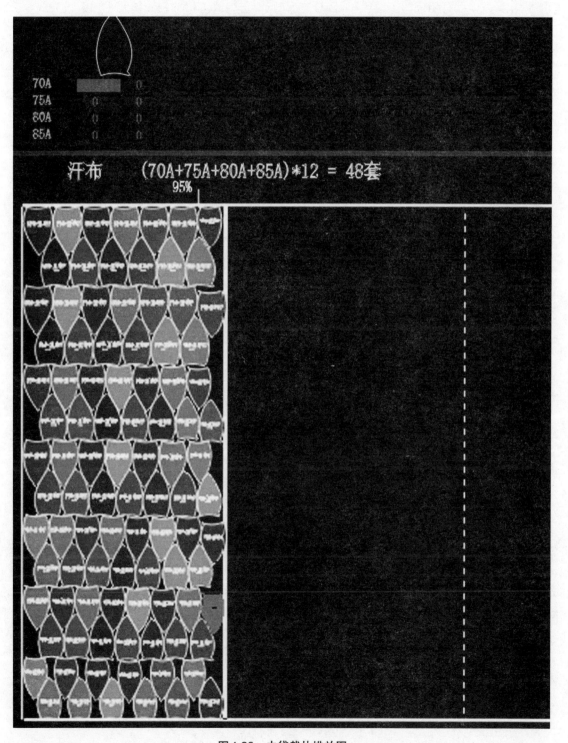

图4-28　内袋裁片排放图

四、耗料估算

根据以上排料情况，计算缝制完成一件文胸所需的材料成本。蕾丝取30cm宽规格7.5元/米、莫代尔取20元/米、定型纱取6元/米、垫棉（QQ面）取8元/米、汗布（内袋）取11元/米计算，一件有垫棉内袋蕾丝花型设计的文胸，材料成本价约为9.16元（图4-29）。

排料方案设定

	增加床	标准组合	编锋床	删除床	任务单	计算	打印小图	打印大图	Cance

布料	幅宽（米）	颜色	方案	经纱缩水	纬纱缩水	利用率	使用长度	方向性	备注
蕾丝	0.300		70A+75A+80A+85A = 4套	0.0%	0.0%	42.4%	0.512 m	双方向	
莫代尔	1.650		(70A+75A+80A+85A)*12 = 48套	0.0%	0.0%	80.3%	1.881 m	双方向	
定型纱	1.520		(70A+75A+80A+85A)*12 = 48套	0.0%	0.0%	53.8%	0.810 m	双方向	
垫棉	1.200		(70A+75A+80A+85A)*12 = 48套	0.0%	0.0%	80.8%	1.587 m	双方向	
汗布	1.500		(70A+75A+80A+85A)*12 = 48套	0.0%	0.0%	21.8%	0.560 m	双方向	

按公式计算

布料	颜色	使用长度（米）	幅宽（米）	经纱缩水	纬纱缩水	已排片面积（平米）	逢边长（米）	层数	单价(/米)	计算1
总计		10.98				5.71	324.39	16.00		109.90
平均每套		0.92				0.48	27.03			9.16
蕾丝		0.512	0.300	0.0%	0.0%	0.07	4.74	12	7.50	8.12
莫代尔		1.881	1.650	0.0%	0.0%	2.49	111.32	1	20.00	54.40
定型纱		0.810	1.520	0.0%	0.0%	0.66	54.41	1	6.00	13.10
垫棉		1.587	1.200	0.0%	0.0%	1.54	93.18	1	8.00	26.75
汗布		0.580	1.500	0.0%	0.0%	0.18	8.60	1	11.00	7.53

总套数： | 12 |　提示：在公式输入框中按鼠标右键，可弹出关键词菜单

公式1： | 单价 * 长度 + 逢边 * 0.1 + 逢边 * 层数 * 0.05 + 层数 * 0.08 |

图4-29 耗料估算图示

本章小结

本章重点介绍服装纸样排料原理与规则及计算机辅助排料的实现，即在给定的布料宽度与长度上根据规则排放所有要裁剪的裁片，且达到用料率最高。裁片排放前，需要对面料进行设置，并根据裁片的纱线或布料的种类，对裁片的排放加以某些限制，如裁片是否允许翻转、旋转、分割、重叠等。在排料时，可根据生产情况适当选择排料方法：人机交互式排料、全自动排料、半自动排料和智能自动排料。自动排料常用于估算耗料或辅助适当加快排料速度，人机交互式排料可根据款式、面料和裁片的情况进行排放，排料率高。

本章重点要求熟练操作人机交互式排料方法，应用实例通过男装西装套装的排料操作实例详细讲解服装纸样计算机辅助排料的步骤与方法，使用的操作系统是布易科技排料系统，不同的系统在处理排料文件时，都有各自特点，实际应用操作时，还需参考各自系统操作手册。

第五章
成衣工艺设计

第一节 成衣工艺设计概述

一、成衣工艺设计定义

成衣工艺设计是指在款式设计和结构设计的基础上，对组织服装工业生产所需的技术措施的设计，包括制订工艺操作规程、成品质量检验标准、成品尺寸及其搭配、衬料和辅料的选择、缝型的选择、衣片特殊部位的变形处理、缝制过程中的工艺技术措施等。

成衣工艺设计是服装生产过程的重要组成部分，成衣工艺文件是企业进行服装生产、工人进行操作的重要指导性文件和重要依据。广义的成衣工艺设计包括企业里所有操作性工作的方法、要求及流程等内容的设计，而狭义的成衣工艺设计是指缝制过程中的操作方法及标准的设计。

二、成衣工艺设计内容

成衣工艺设计的内容包括工艺流程设计、工艺方案设计、缝型设计、工艺文件设计等。成衣工艺文件是最重要、最基本的技术文件，它反映了产品工艺流程全部技术要求，是指导产品加工的技术法规，是交流和总结生产操作经验的重要手段，是产品质量检验的主要依据。

1.工艺流程设计

根据产品类型和生产方式设计符合要求的生产流程、裁剪工艺流程、缝制工艺流程、整烫工艺流程、质量检验流程、后整理工艺流程等。

2.工艺方案设计

根据企业产品对加工工艺方法、工作顺序、操作要求和标准等内容进行选择和设计，用以指导工人操作和生产管理。如牛仔裤的水洗工艺方案设计、整烫定型工艺方案设计等。

3.缝型设计

根据产品设计、面辅料特点、缝纫设备等多方面的要求选择适当的缝型，以保证服装具有合适的强牢度和外观效果。缝型设计包括线迹款式、线迹密度、机针型号、缝型结构、缝线种类等。

4.工艺文件设计

工艺文件是指导生产加工的重要文件，包括工艺卡、作业指导书、作业标准等。

第二节 成衣工艺设计基础信息

成衣工艺设计是根据企业生产的产品及客户要求进行相应的技术措施设计，因此，在进行工艺设计之前必须要收集相关的产品信息，制订成衣工艺基础信息表。

一、成衣工艺基础信息依据

1.产品款式信息

通常客户在要求制作款式时会提供原样或图片，并加以文字说明。

2.产品规格信息

客户提供的尺寸规格、部位测量方法、尺码分配及允许误差等。

3.产品面辅料信息

客户确认的面辅料的品种、规格、数量、颜色等内容。

4.样衣试制记录

通过样衣试制过程确定下来的工序数量及顺序、操作方法、缝型、工艺标准、工序定额等内容。

5.后整理要求

包括整烫、洗水、包装等后整理工作的操作方法、标准、要求、材料选择等内容。

6.其他信息

客户提出的特殊要求，在编制工艺文件时需特别指出。

二、成衣工艺基础信息要求

工艺基础信息是对服装产品或零部件规定加工步骤和加工方法的指导文件，是组织设备配备、面辅料采购、大货生产等工作的技术依据。工艺信息必须具备完整性、准确性和适应性等操作要求。

1.工艺基础信息的完整性

工艺基础信息必须全面涉及整个生产流程。它包括所有与该生产任务有关的各方资料、数据和要求，含有裁剪、缝纫、整烫、包装等工艺的全部规定。

2.工艺基础信息的准确性

工艺基础信息必须正确无误、内容明了，不可含糊不清。

3.工艺基础信息的适应性

工艺基础信息必须符合市场经济及生产企业的实际情况。

三、工艺基础信息的形式和内容

工艺基础信息必须以书面形式，列明各项工作的具体操作细则、质量要求等。为减少工作的繁复性与方便生产，工艺基础信息应以图表的形式为主，简单明了，既利于填写，又利于配合生产程序的顺利进行。

工艺基础信息的主要内容如下。

1.工艺信息的适应范围

工艺单必须详细说明本工艺信息适用的订单号（合同号）、组别、款式名、款式号、生产数量、交货日期、销售地区及样板编号等。

2.产品效果图

产品效果图包括产品正面、背面，重点部位的效果图。效果图要求比例准确合理，各部位的标志也要准确无误，款式上的缉线、分割、比例等必须与样衣相符。产品效果图的下面还可附上简短的款式描述，包括产品外形、产品结构、产品特征等。

3.产品规格

规格指示中要标明部位、部位编号、部位测量方法、尺码分配及允许误差等。

4.样板复核单

样板复核单通常由服装厂质量检查部门承担。样板复核单主要是尺寸的复核，即复核样衣与样板的差异。复核的数据有衣长、胸围、衣领、袖长、袖肥等。根据服装品种的不同，复核的部位也不同。在样板复核表中，应在复核结果栏中，简单、明了地写明所有复核情况。

5.面辅料搭配

面、辅料搭配指示应该列明面辅料的品种、规格、数量、核定用料、颜色搭配、辅料的制作部位以及供应商等，所列面辅料必须与订单相符，并与样卡一致，确认无误后方可投产使用。

6.原辅料定额表

由技术部门制订，要求将服装所用原辅料定额汇总成表，标明定额用料和实际用料的差额。原辅料的总表中不包括拉链、纽扣等。

7.标识、配件的有关规定

所有的标识、配件都应说明其特点及使用方法，并确定装订位置，必要的可附实物样贴。

8.排料图

在排料图中，除了说明某种规格的用料、门幅及具体排料图外，还需在排料方法一栏中说明是顺向排料还是倒向排料。

9.裁剪方法

注明合理的排料方法、特殊面料的裁剪处理（如遇面料有色差时要注明避色排料等）以及裁片要求等。

10.产品的工艺流程和技术要求

为合理地安排流水线和指导工人操作，要详细说明工艺流程及缝纫形式。在工艺技术要求中要说明各类技术指标，如规定机缝及针距密度等。制订具体的要求，必要时需配图示说明。

11.工序定额工作

工序定额工作是企业管理的一项重要的基本工作。如裁剪工序定额标准，缝纫工序定额标准，整烫、包装工序定额标准等。

12.有关整烫的规定

需要熨烫的部位必须写明，并注明熨烫设备以及面料测试报告允许熨烫的最高温度，合成面料不允许熨烫的必须重点说明。

13.包装要求指示

需要写明产品的包装形式、折叠方法及使用何种胶袋等。

第三节 成衣工艺设计CAPP

一、成衣工艺设计CAPP概述

（一）成衣工艺设计CAPP的概念

成衣工艺设计CAPP（Computer Aided Process Planning）即计算机辅助工艺设计系统。服装设计分为款式设计、结构设计和工艺设计，其中的款式设计、结构设计是服装CAD系统的内容，而工艺设计则是服装CAPP系统的功能。简单地说，服装CAD系统解决做什么样服装的问题，而服装CAPP系统解决如何做的问题。

（二）成衣工艺设计CAPP系统主要功能

1.工艺流程设计

根据产品类型、款式设计、面辅料特点、工艺需求、设备特点等不同，在进行生产之前，需进行工艺流程设计，制订产品从面辅料的准备开始到成品包装的加工方法和顺序，并以工艺流程图的形式呈现。CAPP系统会提供各种基础资料库，如设备资料库、工序分类资料库、基础流程图、标准工时库等，技术人员可以通过对产品和企业能力的分析，利用资料库设计出符合产品生产过程的工艺流程图。工艺流程图是图示服装生产工序的技术文件，它是制订生产工艺的基础，也是安排流水线和配备人员，以及准备和安装工艺设备所必需的技术资料。制订工艺流程时，必须掌握一个原则，即选用最合理、最捷径的流程通道，保证生产工序衔接合理、流程畅通、路径最短。

2.工艺方案设计

工艺方案是指根据产品设计要求、生产类型和企业的生产能力提出的工艺技术准备工作的具体任务和措施的指导性文件。为了保证工艺准备工作有目的、有计划、有步骤地进行，在工艺准备开始时首先应编制工艺方案（或称工艺准备说明书），它是工艺准备的总纲，作为工艺准备工作的主要依据。

工艺方案的内容包括新产品的特点和特殊要求、产品的投入方式、试制中各种关键问题及其解决措施、工艺路线、工艺规程详尽程度、工艺装备系数和设计原则、劳动总工时等。编制工艺方案的依据是产品的生产周期、产品生产批量、产品生产方式等。

3.缝型设计

缝型，即缝纫的形式，就是由一系列的线迹或线的形式与一层或数层缝料相结合的形式。缝纫形式的形成，就是为了将平面的衣片通过缝纫组合后成为符合人体的立体形状的服装，不同部位的缝纫，展现了不同的缝型，使服装不仅具有实用价值，而且也具有一定的审美价值。技术人员可以通过CAPP系统内部的缝型数据库进行产品各缝合部位的缝型确定和创新设计。

4.服装工艺单的编制

服装工艺单的编制包含了工艺要求、工艺参数制订、工艺图绘制、工艺单打印等内容。在典型工艺库中存放了企业成熟的服装典型工艺；在典型的工序库中存放了企业成熟的典型工序，在进行新款服装工艺设计前，先在工艺库中找到最为相近的服装工艺，再进行部分修改。在进行工艺修改的过程中，系统提供了大量的资料供操作者使用，如各种服装专用图形库、各种缝口示意图库、各种标准工艺标准参数库，同时也提供典型工序库供操作者直接调用，极大地提高了工艺师的工作效率，同时也提高了工艺的合理性。将工艺参数及工艺图填写完毕后，系统会自动生成简易工艺说明书、操作说明书等工艺文件。

根据服装企业实施CAPP系统的经验来看，服装CAPP系统将向智能化的方向发展。在功能上，CAPP系统具备工艺单的智能导航、服装生产流水线的智能化平衡、对生产成本的控制、依靠量体数据自动生成服装号型表，同时可操作后继FMS系统，也可以用通用格式和销售管理系统、ERP系统实现数据共享。

（三）成衣工艺设计CAPP的作用

成衣工艺设计是连接产品设计与制造的桥梁，是整个制造系统中的重要环节，对产品质量和制造成本具有极为重要的影响。应用CAPP技术，可以使技术人员从繁琐重复的事物性工作中解脱出来，迅速编制出完整而详尽的工艺文件，缩短生产准备周期，提高产品制造质量。服装CAPP系统的主要作用如下。

1.减少工艺人员的重复性劳动工作，缩短产品制造的工艺编制周期

CAPP系统可以使工艺人员方便、快捷地检索查询所需的工艺资料，编制新的产品工艺及进行工艺的修改，并快速、高质量打印出产品工艺规程，从而大大减少工艺人员的重复性劳动，提高工艺人员的工作效率，缩短产品的工艺编制周期。

2.提高工艺的标准化、规范化，提高工艺设计质量

成衣工艺设计是服装制造过程中技术准备工作的一项重要内容，是一个经验性很强而且

随制造环境变化而多变的决策过程。服装工艺设计的任务在于规定产品工艺过程、工艺操作内容、工艺装备和工艺参数等。服装厂经常变换生产品种，同时需要更换生产工艺任务书，改变流水线，改变每个工人的生产工序，利用计算机辅助工艺设计，可实现服装工艺样板的绘制、工艺文件的编制、流水线的排列、工人工序分析的自动计算等功能。避免人为造成的各种错误，保证产品相关数据的一致性，从而为CAD等系统的实施创造必要的条件。

（四）成衣工艺设计CAPP的现状及发展

目前我国服装行业的特点是生产类型已由原来的大批量、少品种、长周期向小批量、多品种、短周期方向发展，产品更新速度快，具有明显的时尚性，这就要求有一个高效率的生产管理系统的配合和适应，但是，由于我国服装生产的理论和技术基础比较薄弱，现代生产管理的模式在服装厂还没有得到广泛应用，服装企业要想在激烈的竞争中立于不败之地，就必须大力推进服装科技的进步，利用现代科学技术成果，结合以计算机为主的现代管理手段，从根本上改变我国服装生产管理方法和手段上的落后状况。服装生产技术人员利用计算机技术设计零件从毛坯到成品的制造方法，是将企业产品设计数据转换为产品制造数据的一种技术，它从20世纪80年代末诞生以来，其研究开发工作一直在国内外蓬勃发展，而且逐渐引起越来越多的人们的重视。

CAPP系统克服了传统工艺设计的许多缺点，借助计算机技术来完成从产品设计到原材料加工成产品所需的一系列加工动作及其对资源需求的数字化描述。CAPP在现代制造业中，具有重要的理论意义和广泛迫切的实际需求。CAPP系统的应用不仅可以提高工艺规程设计效率和设计质量，缩短技术准备周期，为将广大工艺人员从繁琐、重复的劳动中解放出来提供了一条切实可行的途径；使工艺人员可以更多地投入工艺实验和工艺攻关，而且可以保证工艺设计的一致性、规范化；有利于推进工艺标准化。更重要的是工艺BOM数据是指导企业物资采购、生产计划调度、组织生产、资源平衡、成本核算等的重要依据，CAPP系统的应用将为企业数据信息的集成打下坚实的基础。

国内自20世纪80年代初就开始CAPP的应用研究，虽然经过了20多年的发展历程，但至今仍是计算机辅助技术领域的薄弱环节和企业实施推广制造业信息化技术的瓶颈所在。究其原因，传统CAPP过分强调对零件信息的自动获取，强调工艺决策的自动化。近几年，CAPP的研究开始注重工艺基本数据结构及基本设计功能，开发重点从注重工艺过程的自动生成，转向整个产品工艺设计的角度；为工艺设计人员提供辅助工具，同时为企业的信息化建设服务。这直接导致了CAPP软件产品的迅速发展，产生了人机交互为主的新一代CAPP工具系统，并在企业实际应用中取得了良好的成效。早期服装CAPP系统的雏形只是使用计算机及通用软件，如WORD、CROLDOWR或简单CAPP软件在计算机上做工艺单，但软件的精髓即在编制服装工艺的过程中对典型工艺及工序的调用，则无法体现。

法国力克（Lectra）公司和日本兄弟（Brother）公司联合提出的服装CAD/CAM/CIMS系统BL-100，可以自动编制生产流程、自动控制生产线平衡，并能参照企业现有的设备重新组织生产线和编排新的生产工艺。美国格博公司的IMRACT-900系统可以根据产品款式进行工艺分析、动作分析，计算产品工时和人工成本，计算缝纫线消耗量等，能准确完成产品的工序、工时、成本分析，并为吊挂生产系统提供生产信息。

采用成熟的CAPP技术思想，适以通用，方便满足工艺人员，以编制工艺最基本的实际需求为出发点，采用成熟的CAPP思想，拥有典型工艺库、典型工序库和典型工艺装备库。

工艺设计过程中，可从以上几个不同级别的数据库中选择、修改，满足服装工艺设计和工艺管理的个性化需求，使工艺设计标准化、规范化、系统化。目前，较为完善的服装CAPP系统具备了工艺单的制作、生产线的平衡、生产成本的核算、计件工资计算等功能，后台有强大的数据库支持，除了制作工艺单常用的资料如各类国家标准、缝口示意图、设备资源库、各种服装组件图等，还具有典型工艺库，实现了工艺级、工序级的复用，提高了生产效率，优化了服装工艺。服装CAPP软件涉及计算机绘图、企业工艺数据的采集及录入，其实施难度大于服装CAD的实施，对操作人员的综合素质要求也较高，但实施成功后给企业带来的效益也是非常显著的。

二、成衣工艺单设计系统

成衣工艺单中需要的各种文字、表格和图形信息，就目前通用的文字编辑、表格生成和绘图软件，都不能有效地完成这样的专业性较强的图表编制任务。只有专门研制的服装工艺图表软件才能给用户提供方便、灵活、有效的工具。

系统软件功能主要有如下四大功能模块：工艺表格、技术文件、数据库资源共享、资料输出。

（一）制作各种类型的工艺表格

1.文本编辑
汉字和字符的输入和编辑。

2.制作表格
通用的制表功能。

3.图形绘制
提供各种线迹设计工具（单车线、双车线、拉链、罗纹、锁式线等专业线迹）；具有对称、移动、复制、剪切、放缩、修改等图形操作功能；配备颜色及面料填充功能（图5-1）。

4.附加标识符号及尺寸标注
标识符号及尺寸标注用于工艺表的参数标注。

5.表格填写
完成各种标准工艺单（包括效果图工艺单、时装工艺单、加工细节工艺单、规格表编制单、工艺流程单、尺寸复合单、成本核算单、包装规格单等），同时，用户可根据系统提供的模板工具创建适合自己实际生产需求的特色工艺单。

（二）导入服装CAD系统中产生的各类技术文件

1.款式图
来源效果图设计系统。

图5-1　工具条

2.结构图

来源纸样结构设计系统。

3.裁片文件

来自放码系统。

4.排料图

来自排料系统。

5.图文、表编辑

将分别编辑和绘制的图形、表格及文字说明，混合编制成标准工艺单和特殊工艺单。

（三）数据库管理及资源共享

1.建立库文件

基于服装CAD系统中放码、排料、款式、样片数据等各分系统的功能，生成服装信息库中各种类型信息文件，用户可自行根据上述信息文件设计工艺图表并存入数据库内。

2.智能管理数据

在该数据库中对信息资料进行检索、查询、增加、修改操作，并能对款式图、款式工艺结构图、样板图、放码样板、排料单、生产工艺单、客户情况、销售情况等进行智能化管理，确保数据的准确、及时。

3.数据库权限管理及查看模块

在智能化管理的基础上建立多用户口令，确保技术资料的保密性。

4.网络资源共享

基于服务器、客户机（Client/Server）结构，使用户可以共享库内的信息。

（四）资料输出

（1）直接打印工艺图表。

（2）所有数据可被相应管理信息系统调用。

利用工艺单设计软件进行服装工艺单的设计，使服装企业工艺部门能直接调用或使用工序文件和技术部门传来的电子文档，如服装效果图、结构图、纸样图、放码图和排料图等，不再需要手工绘制缩图，减少重复劳动，方便查询、修改和保存技术资料，大大提高了生产效率，改善了管理素质，使企业的技术资料得到长期积累和保存。

三、建立工艺单信息数据库

（一）工艺单信息数据库内容

基于服装信息数据库、计算机网络技术和服装CAD技术发展建立的服装工艺单数据库，库内存储和管理着大量的图形和图像信息（图5-2）。

工艺单信息数据库主要有以下内容。

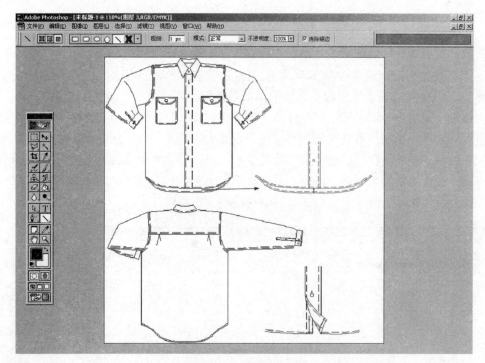

图5-2 在图像处理系统中绘制服装结构效果图和部位示意图

1. 服装款式信息

包括款式平面图、款式效果图、花形图案、人体模型图等。

2. 服装结构信息

包括原型图、基本部件结构图、服装分类结构图等。

3. 色彩信息

包括流行色信息、用户专用色库等。

4. 面辅料信息

包括常规应用面料、最新流行面料等。

5. 尺寸号型信息

服装号型标准、体型参数信息、放码规则编制表等。

6. 样板库

按服装部位分类（前后衣片、袖片、领片、口袋、其他零部位）。

7. 排料图库

各类型排料图。

8. 缝型、线迹库

各类缝型、线迹。

服装工艺单信息数据库技术的发展，将使不同城市、各个地区甚至世界范围内服装加工信息的沟通和交流，在极短的时间内即可完成，对服装加工业的发展产生了巨大的影响。

（二）工艺单信息库建立方法

1.在计算机辅助服装效果设计系统中建立工艺图库

利用服装效果设计系统中的工艺风格设计技巧绘制各种工艺图。很多计算机辅助设计效果图系统中提供了工艺风格服装效果的图形数据库、各种线迹（单线、双缉线等）、缝型库、部件库（口袋库、领子库、配件库等）等（图5-3）。设计者应用系统提供的绘图功能可绘制直线、曲线、折线及各种类型的止口线，设计所需部件，并将新设计的部件增加至部件库中；组装设计功能，备有各种领型、缝型库等，设计者从库中直接调用相关部件，运用对称、剪贴、放缩等功能来简洁、准确、规范地绘制所需各种工艺效果图；并可加注文字、尺寸标注进一步规范地表达服装结构图，同时可修改、更新库文件。

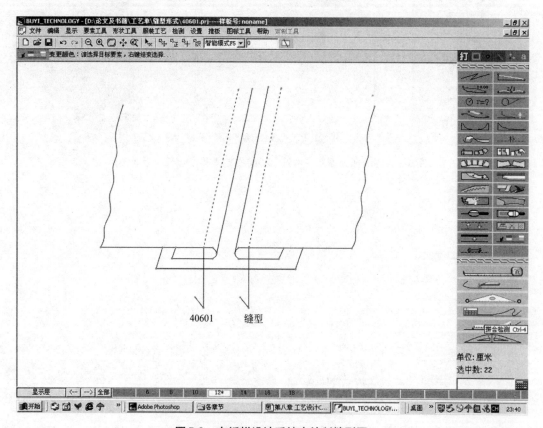

图5-3　在纸样设计系统中绘制缝型图

2.在计算机辅助服装纸样工艺设计系统中绘制工艺信息数据库

工艺信息文件中需要的图可以由图像系统产生的位图文件或者由图形系统产生的矢量图文件替代，如服装结构效果图和部件外观图。另外，在计算机服装纸样工艺设计系统中形成工艺信息数据库中需要的文件。

（1）尺寸号型信息。服装号型标准、体型参数信息、放码规则编制表等（图5-4）。

（2）样板库。按服装部位分类有前后衣片、袖片、领片、口袋、其他零部位等。

（3）缝制线型库。按照国际标准化组织制定了线迹分类标准ISO 4916，分别绘制各种缝型图。

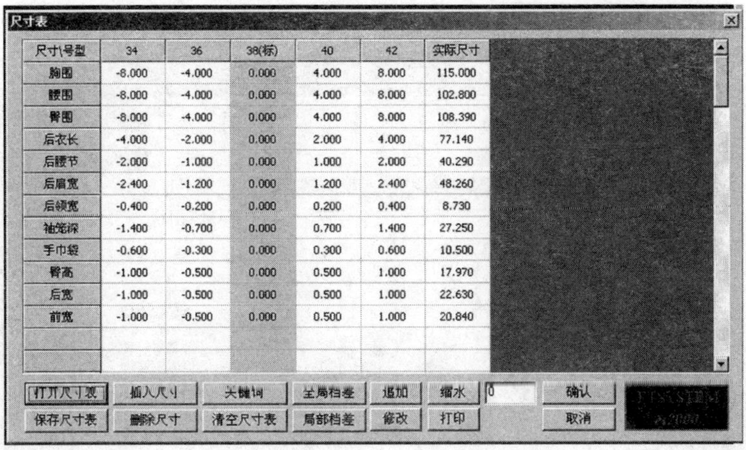

尺寸\号型	34	36	38(标)	40	42	实际尺寸
胸围	-8.000	-4.000	0.000	4.000	8.000	115.000
腰围	-8.000	-4.000	0.000	4.000	8.000	102.800
臀围	-8.000	-4.000	0.000	4.000	8.000	108.390
后衣长	-4.000	-2.000	0.000	2.000	4.000	77.140
后腰节	-2.000	-1.000	0.000	1.000	2.000	40.290
后肩宽	-2.400	-1.200	0.000	1.200	2.400	48.260
后领宽	-0.400	-0.200	0.000	0.200	0.400	8.730
袖笼深	-1.400	-0.700	0.000	0.700	1.400	27.250
手巾袋	-0.600	-0.300	0.000	0.300	0.600	10.500
臀高	-1.000	-0.500	0.000	0.500	1.000	17.970
后宽	-1.000	-0.500	0.000	0.500	1.000	22.630
前宽	-1.000	-0.500	0.000	0.500	1.000	20.840

图5-4 在纸样设计系统中建立尺寸表

（4）放码图。在放码系统中完成网状图放码文件。

（5）排料图。在排料系统中完成排料图文件。

3.在计算机辅助服装工艺单系统中建立数据库

工艺单系统提供一系列专业、实用的设计工具，比如绘制工具、图形编辑工具、色彩填充工具、文本标注工具、位图调整工具、表格设计编辑工具等。应用这些工具，操作人员可以自定义线型和自定义工艺图库。

（1）自定义线型。所谓的自定义线型就是用户自己定义的线型，创建自定义线型单元，并将自定义线型增加到线型库中。

（2）自定义工艺图库。曲线和文本都可以保存至工艺图库。操作者设计完成服装结构效果图、部位图、标注、配件图示、商标设计等，都可以使用存储键将所设计图元存入工艺图库中。在图表中插入工艺图，只要在插入的地方两次单击鼠标确定一个矩形，即可弹出选择工艺图对话框，选择工艺图，按确定即可插入到工艺单图表中，如图5-5所示。

四、工艺单信息数据库管理

现代的服装企业生产活动，对信息的依赖程度越来越高。服装生产加工工艺信息是服装生产及产品检验的技术标准，建立服装生产加工信息库文件，可以使服装生产符合产品的规格设置和质量要求，合理利用原材料，降低成本，缩短产品设计和生产周期，高效率地进行生产经营活动。

（一）生产加工工艺库文件管理的重要作用

服装生产加工工艺信息文件，反映着企业生产的品种和生产的技术要求，是企业进行生产和组织管理的重要依据和规范，在现代化大生产中，尤其是服装缝纫、整烫车间，生产的产品品种多，服装结构不同，工艺过程不同，使用的设备和技术要求、检测标准也因客户不同而不同，要进行生产就必须有科学严密的技术文件做出明确规定。一些企业由于不注意工艺技术信息文件的管理，结果出现生产秩序混乱、操作规程和检验无标准、加工质量无保证、废次品增多等现象。所以，服装生产企业必须管理好生产加工工艺信息管理库文件。

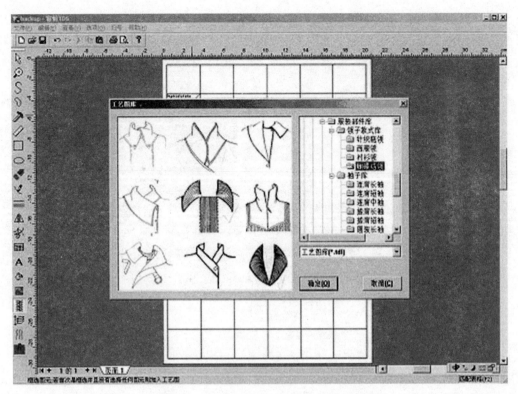

图5-5　在工艺单设计系统中建立工艺图库

（二）服装生产加工信息库文件管理的基本要求和内容

（1）生产加工信息库文件管理工作的意义。生产加工工艺信息库文件的种类、数量很多，一般会达到十几种或几十种以上，这就要求工艺文件及时、准确、适用。因为只有做好信息文件的管理工作，才能确保产品质量，保证车间均衡生产，顺利完成生产任务。

（2）生产加工信息文件管理工作的基本要求。做好各种信息文件的登记、保管、收发、使用、复制、注销及保密工作，保证信息准确统一和完整无缺，及时满足生产的需要。

（3）加工工艺信息文件管理要建立严格的责任制及各种管理制度。如技术文件，一般是由设计科下达到车间，再由车间技术资料组员签发，工人和技术人员在使用时办理借用手续。如若工艺卡及产品工序明细表、材料定额表等由工艺科下达到车间并存放在车间办公室，有关人员需要时可查阅，一般不外借。同时，产品图纸、工艺文件在车间使用时不能任意更改，生产加工文件的更改权属于原设计技术部门，以保证技术文件的统一。

（三）工艺单数据库管理

计算机在信息领域的广泛应用，使信息的存储和管理技术发展非常迅速，并受到广泛的关注和研究。它可以通过互联网实现全球信息及数据共享。对任何硬件平台，通过使用浏览器可在HTML页面上打开各种工艺单，经处理后再保存。同时具有多种语言功能，保证了以不同语言接触和处理工艺单数据。所有采购、生产和销售信息可随时从世界各地获得。数据不只被浏览，而且任何时候都可以修改。工艺单可以实现信息集成、过程集成和企业集成。

这种工艺单数据库系统（图5-6）的主要功能如下。

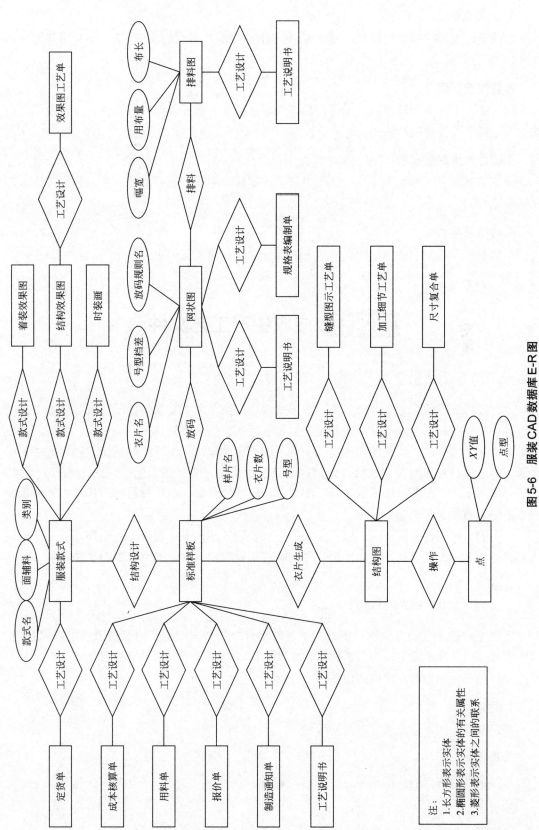

图 5-6 服装 CAD 数据库 E-R 图

注：
1.长方形表示实体
2.椭圆形表示实体的有关属性
3.菱形表示实体之间的联系

1.定义数据库

包括全局逻辑数据结构定义、局部逻辑数据结构第一、存储结构定义、信息格式定义以及保密定义等。

2.管理数据库

包括整个工艺单数据库系统运行，数据存取、插入、删除、修改等操作，以及数据完整性、安全性、并发性控制等。

3.建立和维护数据库

包括工艺单数据库的建立、数据库更新、数据库再组织，数据库的维护、数据库恢复以及性能监视等。

4.数据通信

包括各操作系统的联机处理、分时系统及远程作业输入等相应接口。

第四节 成衣生产工艺文件

一、成衣工艺指导书

现有指导生产的工艺文件，多以表格形式表达信息、加工要求等情况。表格式的工艺文件适合于专业企业和常规产品，比如生产衬衫、睡衣、西服、西裤等专业公司，生产产品比较单一，其原辅材料的使用也比较规范。为了提高工作效率，保证产品质量，通常把主要生产加工需求设计成常规工艺文件，包括产品结构效果图、效果图工艺单、款式系列工艺单、测量部位图示、款型部位加工细节缝型工艺单、尺寸复合单、原辅材料的应用及主辅料用量表以及工艺制作指示单等。

常用的生产工艺文件有生产加工合约书、服装制板通知书、服装生产制造单、工序流程图、缝制工艺卡等。企业也可以根据自身的特点和要求编制合适的成衣生产文件。

二、生产加工合约书设计

服装生产加工合约书也称订货单，一般根据客户的要求拟定，大多数以表格形式列出，从中可以一目了然地看清楚客户的要求，如图5-7、图5-8所示为两种合约书。

生产加工合约书的主要内容包括以下几项。

1.编号

填写编号，便于合作双方查询使用。

2.款式

提供客户所需要的款式名称。

3.数量

了解客户所需要产品的数量。

日期：_____   编号：_____

客方：_____

厂方：_____

款式：_____   数量：_____

货期：_____   洗水方法：_____

预算到布期：_____   布种：_____

预算物料到车间期：_____

备注：

1. 所有资料、布料及物料由客方提供。

2. 如资料、布料及物料延误，客方需接受厂方合理要求，延迟货期。

3. 上述如有任何更改，需征得厂方同意。

4. 此生产合约书一式两份，厂方确认后签回副本给客方。

客方：_____   厂方：_____

图5-7　×××来料生产加工合约书

4.货期

双方商议的交货时间。

5.布种

产品使用的原料，包括面料名称、纱特、经纬密度、幅宽、颜色等信息。

三、服装制板通知单设计

服装制板通知单是生产成衣、样衣使用的一种文件，如图5-9所示，用途是存储资料并用于信息沟通。

服装制板通知单的主要内容包括以下几项。

1.板单编号

款号		面料		季节		交货期	
款式品种		尺码		类别		制单号	
设计者		数量		尺码范围		填发日期	
外观效果图		附件实物		款式说明			

项目	开始日期	完成日期	操作者
设计时间			
纸样设计			
工艺设计			
报价单			

物料期		布料期		负责人		经办人		页码	1/2

图5-8 ×××企业生产加工合约书

它与大批量投产时生产制造通知单一致，方便生产各部门对号领料，进行裁剪、车缝、包装等工作。

2.款式结构图和实物图

包括服装正面图、后面图及重点部位的款式图，使生产板单的各部门更了解加工订单服装的类别和式样。

3.尺码

填写成衣的尺码及一些部位的尺寸，包括定位尺寸。

4.面料、辅料和配料情况

清楚所列明成衣的各种辅料名称、规格等，使样板的面辅料配备齐全。

5.缝纫工序及工时

填写每道工序的内容和所需要的生产时间，为成批生产时提供依据。

6.布料小样

通常要贴上一小块布料的布样，使各生产部门了解和掌握布料的情况。

7.制作注意事项

是指一些特别需要提醒的事项和较严格的工序说明。

款号			季节			交货期		
款式品种			类别			制单号		
设计者			尺码范围			填发日期		
面料					尺码		数量	
部位测量图示			注意事项		序号	测量部位名称及方法	成衣实际尺寸	允差范围
					A			
					B			
					C			
					D			
					E			
					F			
					G			
					H			
物料期		布料期		负责人		经办人	页码	1/4

图5-9　某服装企业制板通知单

8. 图例及度量方法

通常应绘制出样衣的款式平面图，图中注明需度量尺寸的地方。

9. 裁剪及品质检查

在这一栏阐明质量标准及注意事项，作为检验人员检查产品品质的依据。

10. 各供应商情况及用料单价说明

对各供应商情况及用料单价进行简单说明等。

四、服装生产制作通知单设计

服装生产制作通知单又称服装制作任务书，它是服装生产中的命令性文件，生产部门必须依据生产制作单安排生产，是根据不同成衣品种、款式和要求，而制订出适合成衣特定加工手段和生产工序的表单。其基本内容是根据合同或产品数据任务书的要求，对产品进行工艺分析，确定工艺方案，制订工艺规格和样板，设计和制造工艺装备，制订工时定额等。使生产部门能完全领会顾客的意图和要求，制作通知单中必须写明订货的所有要求，如生产品种、所用面料、里料及其他颜色等。包装要求中的商标、吊牌、纸箱等，可依据客商的要求决定。根据实际生产情况，一张表格或多张表格说明，可针对生产制作中特别需要强调的工艺环节以另一个表格形式加强说明（图5-10）。

生产制作通知单主要项目有如下几项。

制单编号：　　　　　合同号：　　　　　　　　　编制日期：　　年　　月　　日

订单编号	款式编号	产品名称	总数量（件）	交货日期

产品规格及数量　　　　　　　　　　　　　　　　　　　　单位：件

数量＼尺码	XS	S	M	L	备注

产品规格与主要尺寸要求　　　　　　　　　　　　　　　单位：cm

部位＼尺码	XS	S	M	L	尺寸允差

面料基本资料

面料名称	面料组织结构与成分	面料颜色与实物样板

辅料资料（实物）

缝纫线及其他配线	拉链	商标	纽扣	吊牌

缝制工艺要点与要求	
后整理方式	
包装说明与要求	
缝制工艺图解	

图5-10　某服装企业生产制造单

1. 制单号

它是联系生产各环节的极重要的编号，在服装制作过程中，有了制单编号，各部门信息更加容易沟通，传递更准确。

2. 客户

填写客户名称。

3. 合约号

标明合约书编号，更加方便查找和信息沟通。

4.出货期

即交货时间，可以使生产各部门掌握本订单的生产时间并保证按时交货。

5.款式

标明款式名称及类型。

6.原辅料明细表

要求说明原辅料的组织、成分品种、规格、单件用量、颜色、供货商（说明是客供或自供即可）、装订位置及有关数据等。同时，在辅料使用一栏中，对不同规格服装所用辅料应给予详细的说明，如门襟、口袋、拉链、吊牌等尺寸；纽扣的颜色及尺寸等；所用线的粗细、颜色；洗涤方法、介质等资料。要求将一件服装所用的面料、里料的样卡贴在相应的原料使用一栏中。

7.成衣尺寸及各部位的尺寸

以规格表格形式编制，将各号型、各主要部位的成衣尺寸列出。生产中根据这些尺寸进行生产加工和品质检验，以便生产出符合客户要求的产品。

8.成衣尺码、规格工艺说明书

详细列明这些资料和数据，包括该服装板样缩图、放码网状图、排料图等。方便裁床分配裁剪方案和生产提示，有利于生产计划部门的管理和调度。

9.加工细节缝型工艺单

将加工中特别需要注意的部位（如纽扣的位置、领部粘衬示图、袖口收省部位、口袋位置、底摆结构等）进行图文说明。

10.生产加工缝型图示

将各个缝合部位以图示说明缝制情况及效果，可以更好地指导生产、控制质量。

11.装箱单情况表

主要内容有合同号、合同数、款式名称、制单号、装箱数、发货地、交货期、标签、收货地及装箱衣服的尺码、颜色和数量的分配比例等。要求说明一个订单的颜色种类以及每个规格的数量，重点提示要填写颜色的色号（标准色卡号）。

五、生产工艺单设计

成衣工艺单也称为作业指导书，是指导成衣生产过程的工艺技术文件，除了具有作业指导的作用，还确定了产品质量标准，为品质管理提供了依据，因此，生产工艺单要格外严格和周全。

成衣生产工艺单主要内容有工艺单表头、成衣规格表、主要部位规格及允差、生产款式图、针距密度、经纬纱向技术规定、材料要求、工艺要求、外观质量要求等，如图5-11所示。

1.主要部位规格要求与允差

一般上衣至少给出衣长、胸围、领围、袖长及肩宽五个部位的尺寸，下装给出腰围、臀围、裤长或裙长三个部位的尺寸。此外，还可根据实际情况和客户要求选定其他部位尺寸。尺寸允差范围是指尺寸偏离规格标准而又能被客户接受的范围。

款号			款式名称			
合约号			客户			
数量			颜色			
生产款式图			面辅料			
				面料	名称	用量
					名称	用量
				辅料		
外观要求			工艺要求			
对条对格			序号	部位	要求	
丝缕方向			1			
熨烫要求			2			
对称			3			
……			……			
备注						
制单：		审核：			日期：	

图5-11　某企业生产工艺单

2.生产款式图

款式图线条简洁顺直、比例正确，标明缝制细节（如明线、特殊缝型等）。一般只需绘制前、后两面的款式图，但如侧边有款式细节则需画出侧面图。

3.材料要求

技术标准中需注明材料的各项要求，特别是面料、里料、衬垫料、缝纫线等，对材料用量、使用部位等进行详细说明。

4.工艺缝制技术质量要求

包括服装各部位的缝型、针码密度、缝迹要求等。

5.外观质量要求

主要包括材料丝缕方向、条纹和图案的对正及允差、色差、外观平整要求、对称要求等。

六、特色工艺单设计

针对生产时装款式变化多的公司，产品的用料及工艺变化较大，或者生产品种繁多，这样的企业工艺单可根据系统提供的模块，如图形库、表格库、数据共享库、电子表格等资料，选择性进行工艺单的表格设计，自由组合编排创建适合企业自己生产需求的工艺单，以形成各自的特色工艺单。

例如，女装文胸是布料弹性变化大、需要特殊加工工艺、使用多项特种缝纫设备的服装。下面利用系统提供的图形库及缝型图示库，设计"女装文胸制作加工工序构成及工序图"指导加工工艺单，说明女性文胸进行生产加工的基本过程（图5-12）。

工序的构成及工序图	车种	缝型示图	规格
1.上罩杯上沿锁边 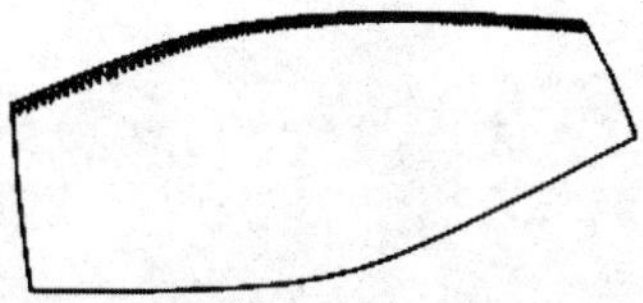	锁边机	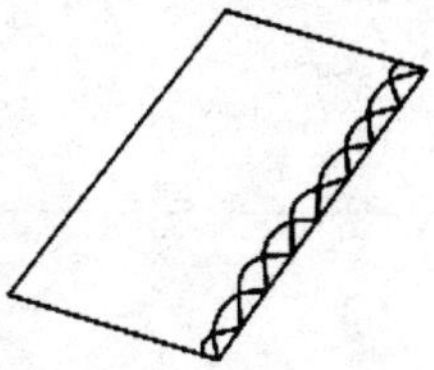	缝边：6mm 针步：19针 振幅：4mm
2.三步缝合上下罩杯内棉并绲缝细条 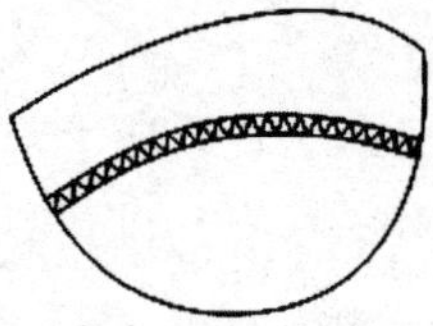	三步车	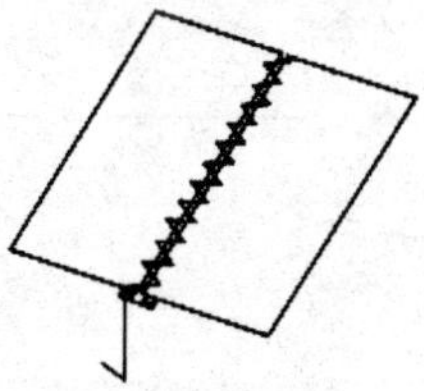	针步：6针 振幅：6mm
3.单针夹缝上下罩杯外层 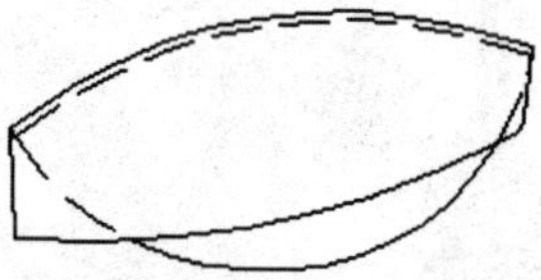	单针车	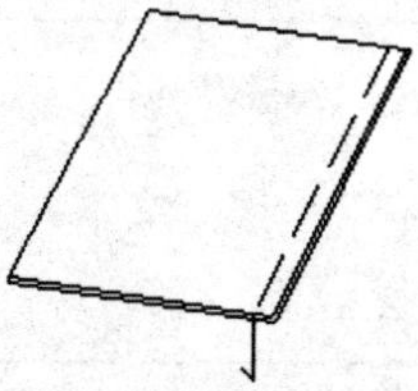	缝边：5mm 针步：10针
……	……	……	……

图5-12　文胸制作加工工序构成及工序图

七、标准作业指导卡

标准作业指导卡是用来指导现场作业人员如何进行操作的成衣工艺文件。标准作业指导卡用文字、数字、图片等形式标明某项作业的操作过程、要求和标准、需要的设备和工具、操作标准时间等内容，可以让操作者一目了然地了解该项工作的相关内容，如图5-13所示。

标准作业指导卡除了指导作业之外，还可以作为工人培训、计算生产周期、制定工资标准、检验工序质量、确定生产工序流程、设备布置等工作的基础资料。

部门				技术标准		
工序记号				使用机针		
品名			使用机器			
产品编号			转数			
工序名称			针迹			
熟练程度		努力程度	使用面料		使用缝线	
作业顺序	作业要求		所需时间	品质特性（图解）		
1						
2						
3						
4						
……						
纯加工时间						
浮余率						
标准时间						
产量（h）		产量（8h）				
检验项目及规格						
使用工具		修订		修订处		
制定						
实施		确认		检验		制表

图5-13 工序标准作业指导卡

第五节 成衣生产工艺文件实例

某企业拟代加工一款男西装套装，面料为羊毛（70%）、涤（30%）的毛涤混纺面料，颜色为藏青、铁灰、棕色三种颜色，数量为5760套，根据订单编制成衣生产工艺文件。

一、生产加工合约书

生产加工合约书如图5-14所示。

二、样板制作通知单

样板制作通知单如图5-15所示。

三、生产制造通知单

1. 款式说明（图5-16）

2. 尺寸规格（图5-17）

3. 各细节部位规格尺寸（图5-18）

4. 面辅料情况表（图5-19）

5. 细节部位尺寸说明（图5-20）

6. 缝型说明（图5-21）

7. 包装说明（图5-22）

四、生产工艺单

生产工艺单如图5-23所示。

款号	MWT21-P8-1P	面料	羊毛（70%）涤（30%）	季节	FL'2017	交货期	15/04/2017
款式品种	毛涤西装	颜色	藏青、铁灰、棕色	类别	常规	制单号	009-818
设计者	DODO	数量	5760套	尺码范围	S～XXL	填发日期	12/1/2017

外观效果图 ／ 附件实物 ／ 说 明

扣子
米色　灰色　纯黑色　黑花色　蓝色　绿咖色　咖啡色

商标

说明

1. 上衣：西装领、平驳领、单排扣二粒扣、前门襟底摆处摆圆头、大袋双镶线装袋盖、前衣片黏合衬加胸衬、后背不开衩、袖口钉三粒纽。里子前肩收活褶、做双镶线里袋两个

2. 裤子：长西裤、直筒、平腰方角、后裤片收省两个、口袋口锁眼、钉扣一粒、门里条，裤子前片捕袋、腰面钉腰襻7，腰头用裤钩、腰里裤片收省两条、后裤片插袋、襻装拉链、裤脚口不折边

项目	开始日期	完成日期	操作者
设计时间	13/1/2017	15/1/2017	
纸样设计	16/1/2017	20/1/2017	
工艺设计	21/1/2017	25/1/2017	
报价单			

经办人	负责人	布料期	物料期	页码	1/2

(a)

款号	MWT21-P8-1P	面料		季节	FL '2017	交货期	15/04/2017
款式品种	毛涤西装	羊毛（70%）涤（30%）		类别	常规	制单号	009-818
设计者	DODO	数量	5760套	尺码范围	S～XXL	填发日期	12/1/2017

说　明

面料				
内里	√全里	半里		无里
驳烫	无褶皱			
胸袋	左胸单嵌线口袋			
大袋	有袋盖，双嵌线			
袖口	袖口衬用涤棉斜料做，两边车缉，折转1cm，袖口做假袖衩			
扣子	前襟上2粒扣；袖叉3粒扣			
后裤袋	双嵌线挖袋			
缝纫线	按客户要求			

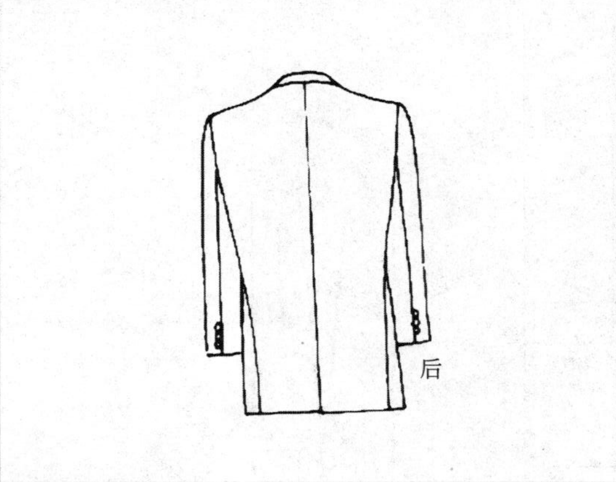

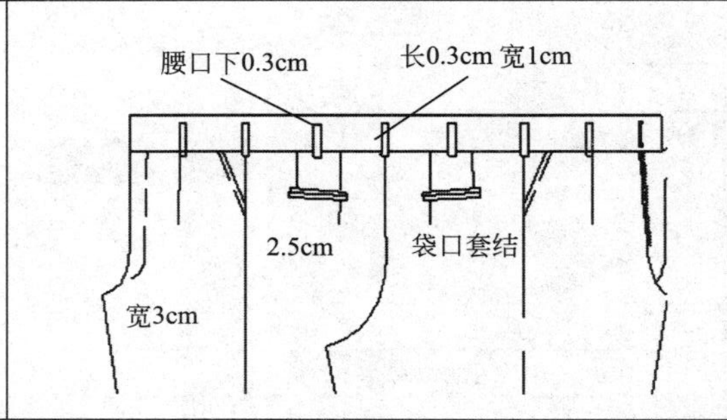

外观效果图

前　　后

细节加工图示

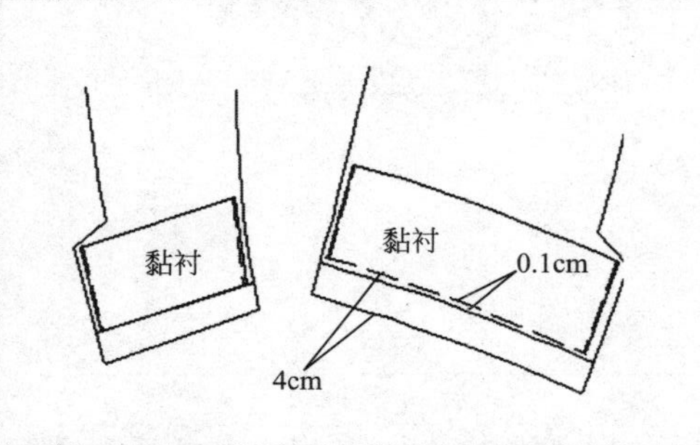

长0.3cm 宽1cm
腰口下0.3cm
袋口套结
2.5cm
宽3cm
0.1cm
黏衬
4cm
黏衬

经办人	负责人	布料期	物料期	页码	2/2

图5-14　男西装生产加工合约书
（b）

款号	MWT21-P8-1P	季节		FL'2017	交货期	15/04/2017
款式品种	毛涤西装	类别	常规		制单号	009-818
设计者	DODO	尺码范围	S～XXL		填发日期	12/1/2017
面料	羊毛（70%）、涤（30%）		尺码	M	数量	3件

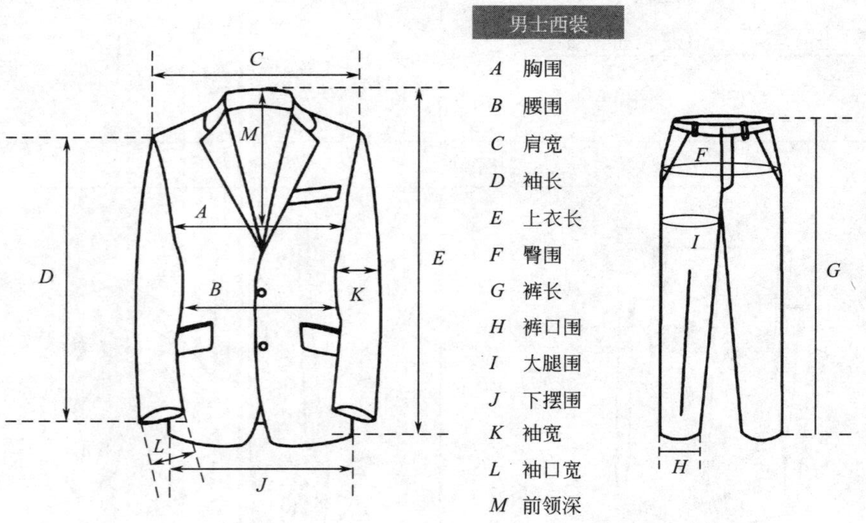

序号	测量部位名称及方法	成衣实际尺寸	允差范围
A	胸围	104	1.5
B	腰围	80	01
C	肩宽	44	07
D	袖长	59	0.6
E	上衣长	74	1
F	臀围	103	2
G	裤长	103	1.5
H	裤口	24.5	0.2
I	大腿围		
J	下摆围		
K	袖宽		
L	袖口宽	16.8	0.2
M	前领深		

部位测量图示

注意事项

男士西装

A 胸围　B 腰围　C 肩宽　D 袖长　E 上衣长　F 臀围　G 裤长　H 裤口　I 大腿围　J 下摆围　K 袖宽　L 袖口宽　M 前领深

物料期	布料期	负责人	经办人	页码	1/4

图5-15 男西装样板制作通知单

款号	MWT21-P8-1P				季节	FL'2017	交货期	15/04/2017
款式品种	毛涤西装				类别	常规	制单号	009-818
设计者	DODO				尺码范围	S～XXL	填发日期	12/1/2017
面料	羊毛（70%）、涤（30%）	颜色	藏青、铁灰、棕色	基准码 M	单位	厘米	数量	5760套

结构效果图 | 款式说明

款式说明

1. 上衣：西装领、平驳领、单排扣二粒纽、前门襟底摆处圆头、大袋双缉线装袋盖、前衣片黏合衬加胸衬、后背不开衩、袖口钉三粒纽。里子前肩收活裙、做双缉线里袋两个。

2. 裤子：长西裤、直筒、平腰方角、腰头用裤钩、腰面钉腰襻7条、裤子前片插袋、后裤片收省两个、口袋口锁眼、钉扣一粒、门里襟装拉链、裤脚口不折边

物料期			布料期	负责人		经办人		页码	1/8

图5-16 男西装生产制造通知单——款式说明

款号	MWT21-P8-1P		季节	FL'2017		交货期	15/04/2017
款式品种	毛涤西装		类别	常规		制单号	009-818
设计者	DODO		尺码范围	S～XXL		填发日期	12/1/2017
面料	羊毛（70%）、涤（30%）	颜色：藏青、铁灰、棕色	单位	厘米		数量	5760套

部位＼规格	S (160/80)		M (165/84)		L (170/88) 基准码		XL (175/92)		XXL (180/96)		允差范围/cm
上衣长	70		72		74		76		78		±1.0
胸围	96	98	100	102	104	106	108	110	112	114	±1.5
肩宽	41.6	42.2	42.8	43.4	44	44.6	45.2	45.8	46.2	47.47	±0.7
袖长	56		57.5		59		60.5		62		±0.6
裤长	97		100		103		106		109		±1.5
腰围	72	74	76	78	80	82	84	86	88	90	±1
臀围	95.8	97.6	99.4	101.2	103	104.8	106.6	108.4	110.2	112	±2
裤口	23.5		24		24.5		25		25.5		±0.2

物料期		布料期		负责人		经办人		页码	2/8

图5-17 男西装生产制造通知单——规格尺寸

款号	MWT21-P8-1P	季节		FL'2017	交货期	15/04/2017
款式品种	毛涤西装	类别		常规	制单号	009-818
设计者	DODO	尺码范围		S～XXL	填发日期	12/1/2017
面料	羊毛（70%）、涤（30%）	颜色	藏青、铁灰、棕色	基准码　M	单位　厘米	数量　5760套

上衣各部位小规格

部位名称	规格	部位名称	规格	部位名称	规格
领角大	3.3	手巾袋　长×宽	10.5×2.5	纽与纽之间距	1.7
驳角大	3.6	手巾袋布长	14	肩缝袖隆助省缝	0.8
豁口大	4.8	里袋口宽	14	领圈上口作缝	1
后领宽	3.6	里袋盖　长×宽	8×4	袖子后偏缝及小袖	0.9
领角套转	0.3	里袋垫宽	4	袖口夹里里袖袖口边	1.5
驳头眼位距上口	3.5	商标离下嵌线	2	大身贴边宽	4.5
驳头眼位距止口	1.5	商标离进挂面	6	袖口贴边宽	4.5
大袋盖宽	5.3	背缝缝头　上/下	1	末粒袖口纽离袖口	1.5/3.2
大袋口宽	15	里袋位置低于手巾袋	3		2

裤子各部位小规格

部位名称	规格	部位名称	规格	部位名称	规格
腰面宽	3.5	斜插袋口大　S、M/L、XL、XXL	15/16	腰硬衬与门里襟	并齐
腰里上宽	2.5	斜插袋上离侧缝　S、M/L、XL、XXL	3.5/4	里襟尖嘴　上/下	4/7
腰里下宽	3.5	前后袋布绲止口	0.6	腰面、里、衬　放后缝	2
裤子串带襻　长×宽	5.5×1	门襟绲线宽	3	连里襟小档布宽/过档缝	2/3
第一只串带与前片裤褶	对齐	里襟净宽	3	绸腰头缝子	1
第一只串带与侧缝	居中	绲腰头缝子	1	后省大（单面）大/小	1/0.7
后袋布　深/宽	17/17	下档缝头　前片/后片	1/2.5	肚布（过桥）长/卷边	10/0.6
后袋口离裤腰下口	6	后缝缝头　上/下	4/1	前小档布口高	5
后袋口大　S、M/L、XL、XXL	13.5/14	斜插袋布　宽/深	17/13	前裤片挺缝褶	1.3

物料期	负责人	布料期	经办人	页码	3/8

图5-18　男西装生产制造通知单——各细节部位规格尺寸

款号	MWT21-P8-1P	季节	FL'2017	交货期	15/04/2017
款式品种	毛涤西装	类别	常规	制单号	009-818
设计者	DODO	尺码范围	S～XXL	填发日期	12/1/2017

说　明

面料	组织	毛涤
	成分	70/30
	面料颜色	藏青、铁灰、棕色
	尺码	门幅144cm
	价格	30.500$
辅料	供应商	涤棉布、尼丝纺、黏衬、牵带、纱布黏衬、硬衬　Notions Inc
	供应商代码	BTN104
	颜色	灰色
	尺码	
	价格	0.025$
商标	供应商	JEANSWEST J.S.W
	供应商代码	
	颜色	
	尺码	
	价格	0.180$

实物贴图

说明：

1. 大袋布、手巾袋布、里袋布、袖口衬、腰里、前插袋、后袋、里袋、斜袋口牵带、大小裤底档部、里襻里子等使用涤棉布
2. 全膝盖尼丝纺
3. 纱布黏衬用于：大身衬、前小片衬、挂面衬、袖山头牵带、大袋垫衬、省尖黏衬、串口衬
4. 复合硬衬用于腰头衬

物料期	布料期	负责人	经办人	页码	4/8

（a）

款号	MWT21-P8-1P		季节	FL'2017	交货期	15/04/2017
款式品种	毛涤西装		类别	常规	制单号	009-818
设计者	DODO		尺码范围	S～XXL	填发日期	12/1/2017

		实物贴图		说　明
线	组织	PP606 金泰		
	成分			1. 缝纫用细线
	颜色	#1688 黑兰		2. 锁眼、钉扣用粗丝线
	尺码			
	价格	0.500$		
拉链	供应商	GBC-56b #4		
	供应商代码	Notions Inc		裤门襟用配色尼龙有锁头拉链
	颜色	BTN104		
	尺码	与布料配色		
	价格	0.07$		

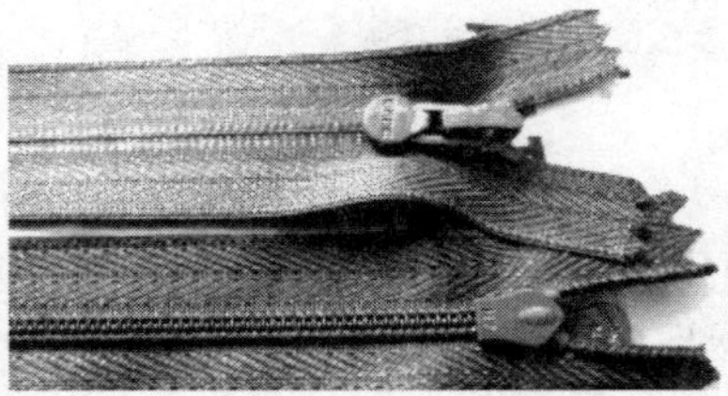

物料期		布料期		负责人		经办人		页码	5/8

（b）

图 5-19　男西装生产制造通知单——面辅料情况

款号	MWT21-P8-1P	季节	FL'2017	交货期	15/04/2017
款式品种	毛涤西装	类别	常规	制单号	009-818
设计者	DODO	尺码范围	S～XXL	填发日期	12/1/2017

结构效果图	重要部位图示	说 明
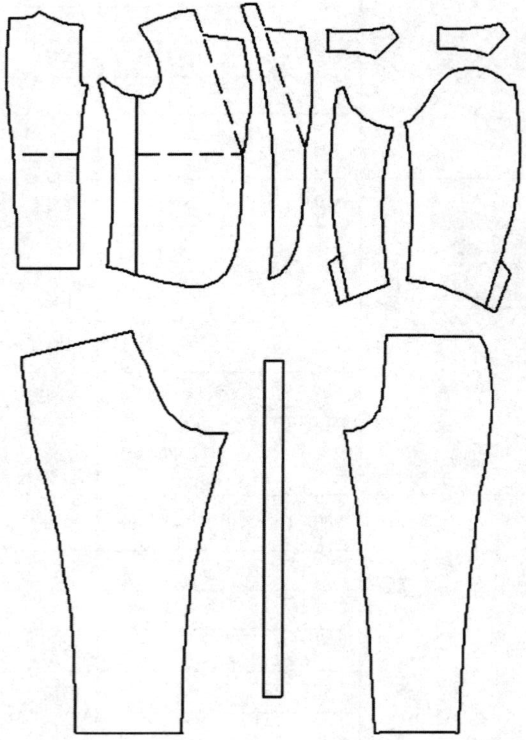	上衣 袖口 0.1cm　黏衬　4cm　黏衬	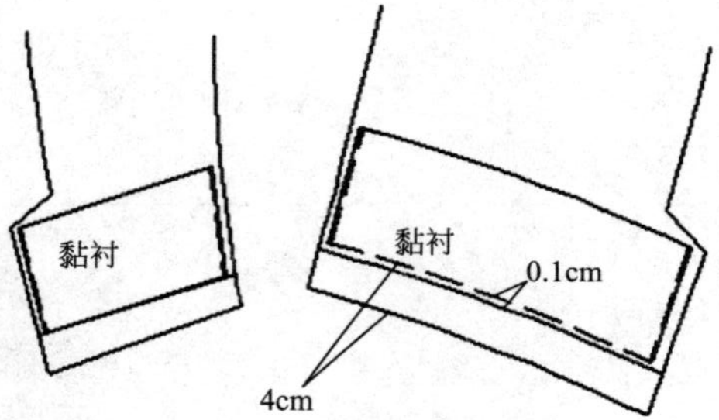 袖口衬用涤棉斜料做，两边车缲，折转1cm，袖口做假袖权
	裤子 腰头 长0.3cm宽1cm　袋口套结 腰口下0.3cm　2.5cm　宽3cm	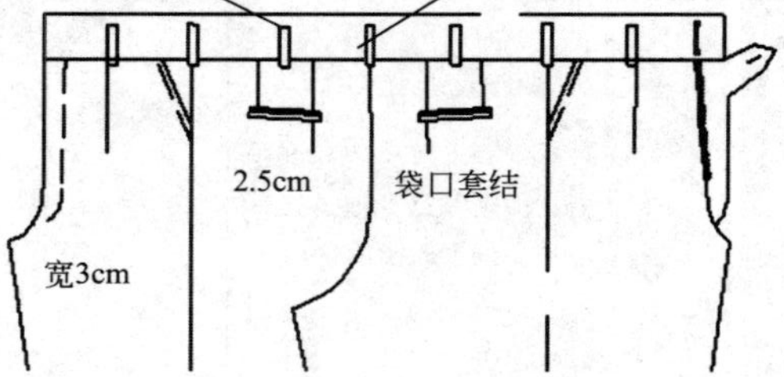 铜拉链有锁头，码带配色

物料期	布料期	负责人	经办人	页码
				6/8

图5-20　男西装生产制造通知单——细节部位尺寸说明

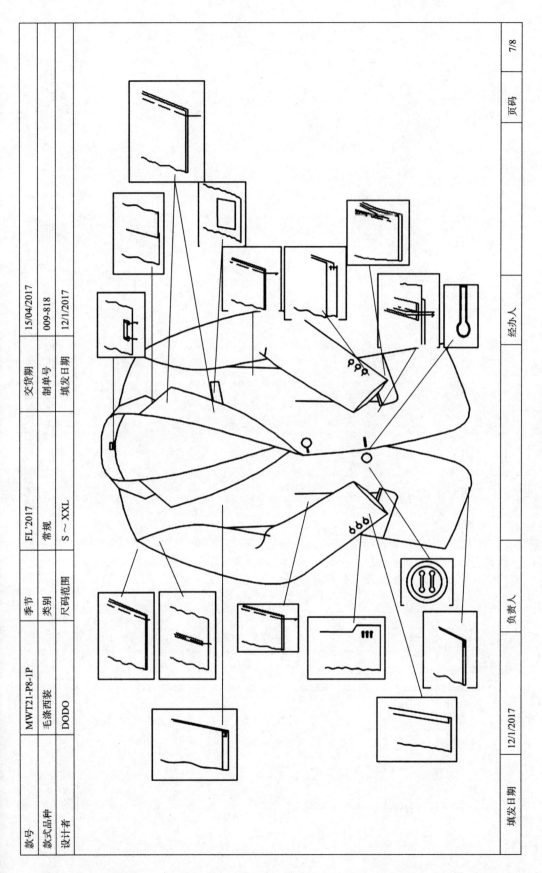

款号	MWT21-P8-1P	季节	FL'2017	交货期	15/04/2017
款式品种	毛涤西装	类别	常规	制单号	009-818
设计者	DODO	尺码范围	S～XXL	填发日期	12/1/2017

| 填发日期 | 12/1/2017 | | 负责人 | | 经办人 | | 页码 | 7/8 |

图5-21　男西装生产制造通知单——缝型说明

款号	MWT21-P8-1P			季节		FL'2017	交货期		15/04/2017
款式品种	毛涤西装			类别		常规	制单号		009-818
设计者	DODO			尺码范围		S ～ XXL	填发日期		12/1/2017
送货地区	尺码/每箱数量（件）				合计（20箱）5760套		说　　明			
	S	M	L	XL	XXL				
山东		16	12	8	4	×20=480			
郑州		16	24	16	8	×20=1280	1. 调挂西装		
广东	8	16	24	16	8	×20=1440	2. 裤子对折套塑料袋，门襟一侧折在外面		
西安	4	8	12	8	4	×20=720	3. 企业密码印在袋布暗处		
沈阳		16	24	16	8	×20=1280	4. 混色混码		
安徽		8	12	8		×20=560			
填发日期						负责人	经办人		页码 8/8

图5-22　男西装生产制造通知单——包装说明

款号	MWT21-P8-1P		款式名称	毛涤西装	
合约号	009-818		客户		
数量	5760套		颜色	藏青、铁灰、棕色	

生产款式图	面辅料		

	面料	组织与成分	规格
	毛涤混纺	70/30	帽宽144cm
	辅料	名称	规格
	黏衬	Notions Inc	灰色
	缝线	PP60金泰	黑兰
	拉链	GBC-56b #4	与布料配色

外观要求		工艺要求		
		序号	部位	要求（cm）
缝制工艺	各部位缝制线路顺直、整齐、牢固；上下线松紧适宜，无跳线、断线、脱线、连根线头；底线不得外露；袋布的垫料要折光边或包缝，袖窿、袖缝、底边、袖口、挂面里口、大衣摆缝等部位叠针牢固	1	领面	平服、不吐口
		2	串口	顺直、左右长度一致
		3	领角	平服、顺直、对称
		4	驳头	平服、顺直、对称
		5	纽眼纽扣	眼位准确、与扣相适应
领袖	领子平服，领面松紧适宜。绱袖圆顺，前后基本一致	6	左右胸部	丰满、挺括、左右对称
		7	左右肩缝	平服、顺直、吃势均匀
纽位	锁眼定位准确，大小适宜，扣与眼对位，整齐牢固；纽脚高低适宜，线结不外露	8	手巾袋	平服、宽窄一致
		9	左右大袋	平服、整齐、丝缕相符
		10	袖山	圆顺、吃势均匀
		11	袖口	平服、两袖口大小一致
标志	商标、号型标志、成分标志、洗涤标志位置端正、清晰准确	12	腰部、省	平服、顺直
		13	摆缝	平服、顺直、松紧一致
熨烫要求	衣领整齐、挺括，领角不翘，领口烫实，翻领大小相等；左右前襟平板，口袋平挺服贴；肩头平圆，两袖平挺；全身无亮印	14	背缝	平服、顺直
		15	背衩	平服、顺直、长短一致
		16	领窝	圆顺、平服
		17	挂面	平服、缉线顺直
对称	领驳头、领缺嘴、门里襟，左右两袖长短和袖口大小，袋盖长短宽狭，袋位高低进出及省道长短	18	夹里肩缝	平服、顺直、松紧适度
		19	里袋、表袋	袋口整齐、嵌线一致
备注				

制单：	审核：	日期：12/01/2017

图 5-23　男西装生产工艺单

本章小结

　　本章重点介绍了成衣工艺设计的主要内容、依据的基础信息、成衣工艺设计 **CAPP** 系统的功能、成衣工艺指导书等。成衣工艺设计包括工艺流程设计、工艺方案设计、缝型设计、工艺文件设计等。成衣工艺文件是最重要、最基本的技术文件，它反映了产品工艺流程全部技术要求，是指导产品加工的技术法规，是交流和总结生产操作经验的重要手段，是产品质量检验的主要依据。

　　本章重点要求掌握成衣工艺设计的内容及成衣生产工艺文件的类别，并能通过计算机软件编制和设计各种工艺文件，熟练掌握具体软件的操作，熟练应用各种基础数据库完成某个产品的成衣工艺设计。

第六章
数字化成衣工业样板与工艺设计实例

第一节 男衬衫成衣工业样板与工艺设计

一、成衣工业样板设计

在本节中，将以男衬衫为例说明在成衣工艺系统中进行成衣工业样板设计的操作过程、操作细节及操作技巧。

（一）款式结构特征分析

图6-1是传统男士衬衫，款式结构特点为后长前短、圆形下摆、前开襟单排扣、左胸明贴袋、前后有肩育克、后育克有褶裥、翻立领、普通袖头、剑形袖衩等。男士衬衫款式总体款式变化不大，可在细节上进行调整，如下摆可变化为直下摆、后育克设置两个背褶等。

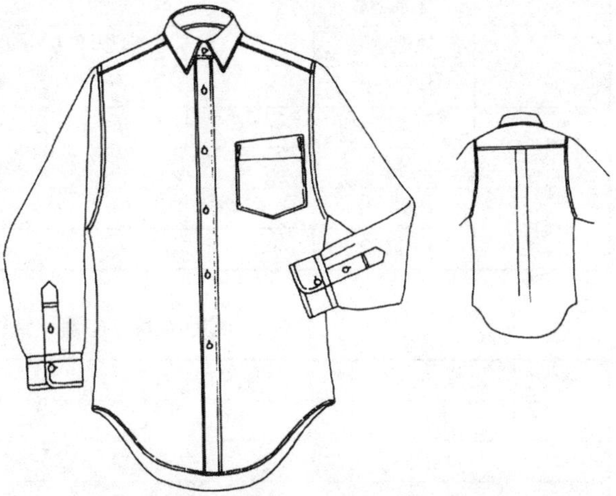

图6-1 传统男衬衫款式前后款式图

（二）成品规格分析

为了扩大覆盖率、提高适应性，宜设计为Y、A、B、C四种体型的全号型规格系列，见表6-1和表6-2。

（三）细部结构分析

绘制传统男式衬衫纸样所需要的尺寸有：领围、胸围、衣长、肩宽、袖长和袖口围等。男衣衫的结构部位尺寸及分配公式见表6-3。

（四）结构制图

用比例法绘制男衬衫前后衣片、袖、领及口袋等部件结构，如图6-2所示。

表6-1 以5.4系列中间号型为中心的衬衫四种体型成品规格系列　　　　单位：cm

部　位	号型 推导公式	A				规格 档差	备　注
		170/88	170/88	170/92	170/96		
前长	规格尺寸	72				2	规格档差 均参照 国家标准
	推导公式	（2/5）号+4					
胸围（B）	规格尺寸	106		110	114	4	
	推导公式	型+18					
肩宽（S）	规格尺寸	44.2		45.4	46.6	1.2	
	推导公式	（3/10）B+12.4					
领围（N）	规格尺寸	38		39	40	1	
	推导公式	（3/10）B+6					
袖长	规格尺寸	59				1.5	
	推导公式	（3/10）号+8					

表6-2 以5.4系列A体型为中心的衬衫成品规格系列　　　　单位：cm

部　位	号型 推导公式	A					规格 档差	备　注
		165/84	170/88	175/92	180/96	185/100		
前长	规格尺寸	70	72	74	76	78	2	规格档差 均参照 国家标准
	推导公式	（2/5）号+4						
胸围（B）	规格尺寸	102	106	110	114	118	4	
	推导公式	型+18						
肩宽（S）	规格尺寸	43	44.2	45.4	46.6	47.8	1.2	
	推导公式	（3/10）B+12.4						
领围（N）	规格尺寸	37	38	39	40	41	1	
	推导公式	（3/10）B+6						
袖长	规格尺寸	57.5	59	60.5	62	61.5	1.5	
	推导公式	（3/10）号+8						

表6-3 A型中间号型西装结构部位尺寸及分配公式　　　　单位：cm

序号	部位	分配公式	序号	部位	分配公式
1	衣长	（2/5）号+4	14	后领口宽	（1/5）领围
2	前肩宽	（1/2）肩宽−1	15	后领口深	（1/10）领围
3	前肩斜	（1/10）肩宽	16	后袖窿深	（1.5/10）胸围+2
4	前领口深	（1.5/10）领围+0.5	17	背褶位	（1/10）胸围+2.5
5	前领口宽	（1/5）领围−1	18	育克高	
6	前胸宽	（1.5/10）胸围+3.5	19	后肩宽	（1/2）肩宽
7	前胸围	（1/4）胸围−1	20	袖山高	（1/10）胸围
8	前袖窿深	（1.5/10）胸围+0.5	21	袖片长	袖长−6
9	袋宽	（0.5/10）胸围+5.5	22	袖口宽	（1/10）胸围+4.5
10	袋长	袋宽+2.8	23	袖头宽	（1/5）胸围+2.5
11	后背宽	（1.5/10）胸围+4+2	24	袖衩长	（1/10）胸围
12	后胸围	（1/4）胸围+1	25	领底高	
13	后肩斜		26	领面高	

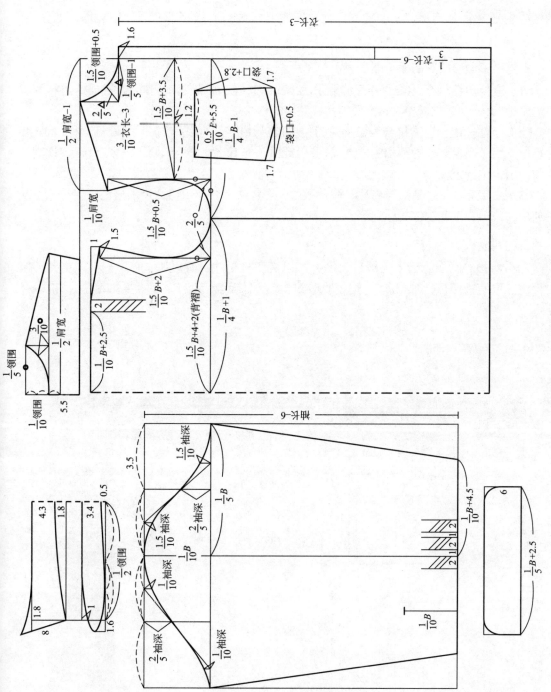

图 6-2 用比例法绘制的传统男衬衫结构图

（五）成衣生产样板绘制

1.男衬衫基础纸样制图

按照比例法男衬衫基础纸样画法，用表6-1中规定的尺寸绘制出基础纸样。将基础结构图中主要裁片分割出来，如前片、后片、袖片、袖口、领座、领面、贴袋等，如图6-3所示。

2.男衬衫面料成衣制板（图6-4）

（1）净样放缝规格。普通分开缝缝份为1cm（肩缝、后背缝、侧缝），底摆折边和翻边底边缝份1.2cm，袋口缝份3cm，大小袖衩侧边缝份0.5cm。

（2）定位标记。包括拼合线条的对刀位（前后片拼缝分别可在腰围线处打上剪口）、装袖褶位（为了满足装袖的袖山容位量）、缝份标位（非1cm缝份处原则上需要标出）、褶裥位置需给出定位标记。

（3）文字标注。包括纸样名称、裁片数量、布纹线等，上剪口、装袖褶位、缝份标位及其他辅助裁剪和工艺制作的标记等。

3.衬料制板

在男衬衫的制作工艺上有覆衬工序，作用是使衬衫穿着时更加平整、挺括。男衬衫覆衬部位主要有前门襟、袖口和衣领。衬料纸样可用面料净样纸样，不需要加缝份，如图6-5所示。

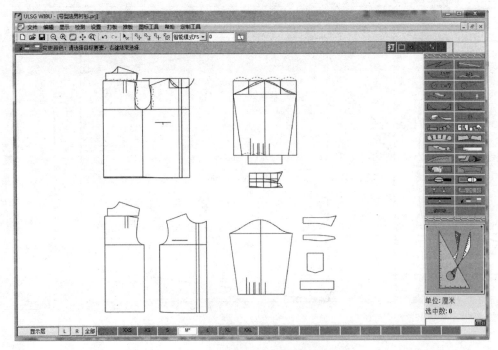

图6-3　男衬衫基础纸样结构图

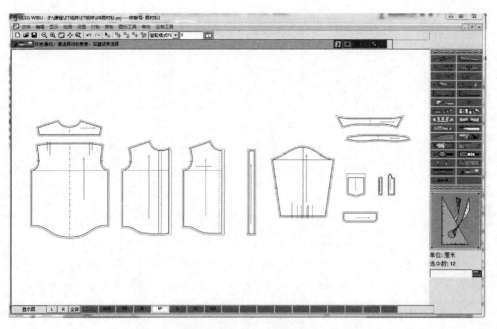

图6-4 男衬衫净样放缝图

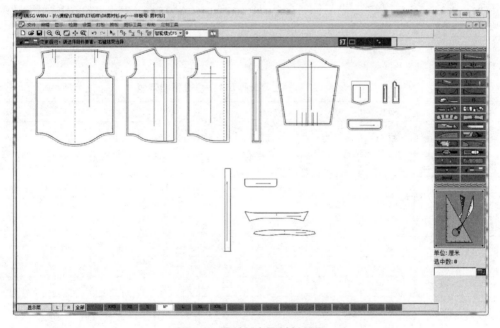

图6-5 男衬衫主要衬料制图

（六）样板号型推放

1.计算档差

男衬衫造型适体，可选择主要部位数据进行各个放码点的公式设计，没有用到的数据可以作为审核数据。成衣号型见表6-4，档差数据见表6-5，档差表在成衣纸样设计系统中由号型表自动转换。

表6-4　衬衫B体型5.4系列号型表　　　　　　　　　　单位：cm

尺码	37	38	39	40	41	42	43	44	45
号型 部位	160/80	165/84	165/88	170/92	170/96	175/100	175/104	180/108	180/112
领围	35	36	37	38	39	40	41	42	43
肩宽	41	42.2	43.4	44.6	45.8	47	48.2	49.4	50.6
胸围	89	93	97	101	105	109	113	117	121
腰围	84	88	92	96	100	104	108	112	116
摆围	87	91	95	99	103	107	111	115	119
后中长	70	72	74	76	78	80	82	82	82
长袖长	53	54.5	56	57.5	57.5	59	59	60.5	60.5
克夫长	22	23	24	24	25	25	26	26	27
克夫高	7	7	7	7	7	7	7	7	7
短袖长	21	22	23	24	24	25	25	26	26
袖口阔	17	17	18.5	18.5	19	19	19.5	19.5	20
袋距襟	5.9	5.9	5.9	6.5	6.5	6.5	7.1	7.1	7.1
袋高低	18	18	18	19	19	19	20	20	20
六角袋	12.5	12.5	12.5	12.5	12.5	12.5	12.5	12.5	12.5
前筒纽	7.2	7.2	8	8	8.8	8.8	9.2	9.2	9.2
褶距夹	7.8	8	8.2	8.4	8.6	8.8	9	9.2	9.4

注：灰色栏号型170/92B是基准码。

表6-5　衬衫B体型5.4系列号型档差表　　　　　　　　单位：cm

尺码	37	38	39	40	41	42	43	44	45
号型 部位	160/80	165/84	165/88	170/92	170/96	175/100	175/104	180/108	180/112
领围	−3	−2	−1	0	1	2	3	4	5
肩宽	−3.6	−2.4	−1.2	0	1.2	2.4	3.6	4.8	6
胸围	−12	−8	−4	0	4	8	12	16	20
腰围	−12	−8	−4	0	4	8	12	16	20
摆围	−12	−8	−4	0	4	8	12	16	20
后中长	−6	−4	−2	0	2	4	6	8	10
长袖长	−4.5	−1.5	−1.5	0	0	1.5	1.5	3	7.5
克夫长	−3	−1	−1	0	0	1	1	2	5
克夫高	0	0	0	0	0	0	0	0	0
短袖长	−3	−1	−1	0	0	1	1	2	5
袖口阔	−1.5	−0.5	0	0	0.5	0.5	1	0	2.5
袋距襟	−1.5	0	0	0	0.6	0.6	0.6	2	2.5
袋高低	−3	0	0	0	1	1	1	2.5	5
六角袋大	0	0	0	0	0	0	0	0	0
前筒纽距	−2.4	−0.8	0	0	0.4	0.4	0.4	0.4	4
褶距夹圈	−0.6	−0.4	−0.2	0	0.2	0.4	0.6	0.8	1

2.确定不动轴

衬衫各裁片的不动轴是按照表6-6～表6-10中各裁片的放置情况设置的。前片以胸围线为竖直不动轴（Y轴），以前中心线为水平不动轴（X）轴，贴袋按照前片不动轴进行推放；后片以胸围线为竖直不动轴（Y轴），后中心线为水平不动轴（X）轴，后育克参考后片的不动轴进行推放；袖片以袖肥宽为竖直不动轴（Y轴），以袖长为水平不动轴（X）轴，袖口以袖片不动轴进行推放，袖开衩不推放；底领和面领以领中心线为水平不动轴，只是竖直推放。

表6-6　衬衫后片公式放码规则表　　　　　　　单位：cm

衬衫后片图示	放码点	X方向移动公式	Y方向移动公式
	A	胸围/6	胸围/12
	A′	胸围/6	−胸围/12
	B	胸围/6	肩宽/2
	B′	胸围/6	−肩宽/2
	C	胸围/8	胸围/6
	C′	胸围/8	−胸围/6
	D		胸围/4
	D′		−胸围/4
	E	−（后中长−胸围/6）	胸围/6
	E′	−（后中长−胸围/6）	−胸围/6

表6-7　衬衫前片公式放码规则表　　　　　　　单位：cm

衬衫前片图示	放码点	X方向移动公式	Y方向移动公式
	A	胸围/6−胸围/12	
	B	胸围/6	胸围/12
	C	胸围/6	肩宽/2
	D		胸围/4
	E	−（后中长−胸围/6）	胸围/4
	F	−（后中长−胸围/6）	

表6-8　衬衫袖片公式放码规则表　　　　　　　单位：cm

衬衫前片图示	放码点	X方向移动公式	Y方向移动公式
	A	长袖长/4	
	B		胸围/3
	C	−长袖长*3/4	胸围/3
	D	−长袖长*3/4	−胸围/3
	E		−胸围/3

表6-9　衬衫领片公式放码规则表　　　　　　　　　　　　　　单位：cm

衬衫领片图示	放码点	X方向移动公式	Y方向移动公式
	A		领围/2
	B		领围/2
	C		−领围/2
	D		−领围/2

表6-10　衬衫口袋裁片公式放码规则表　　　　　　　　　　　　单位：cm

衬衫领片图示	放码点	X方向移动公式	Y方向移动公式
	A	袋高低	袋距襟
	B		袋距襟
	C		
	D	袋高低	

3.进入放码操作界面

在纸样设计功能界面中，设计完成男衬衫净样，按照成衣纸样要求加放缝份后，点击屏幕右上角"打板"功能键，进入"推板"状态。此时原纸样中显示较大的点为需要放码的点，如图6-6所示。

4.建立男衬衫各部位放码档差表

点选尺寸表工具图标，弹出以下窗口，该部位档差一致的，可在大一码的位置输入档差值，然后点选"局部档差"功能键，即可完成该部位的所有档差输入。如果档差不均匀变化，则需要分别输入，如图6-7所示。

5.设置推放号型

在操作界面下方，点选"显示层"图标，则转换为"放码设置"图标，再分别点选推放层代码，如图6-8所示。

6.输入放码规则

点选'移动点'工具，依次框选需要输入档差分配值的点，随即弹出对话窗口。在这个输入放码规则的窗口内，可用键盘直接输入水平或竖直方向的档差分配值，也可以用右边的数字键盘单击鼠标点选输入。点选'公式'即可选择档差表中的部位项，给予计算公式。点选'数值'可看到各个号型该部位的计算数值。按照表6-6～表6-10衬衫各个裁片的放码规则输入，如图6-9所示。图6-10是最终完成图。

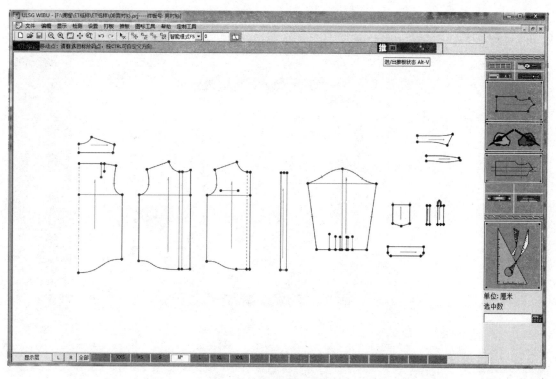

图6-6　男衬衫推板界面

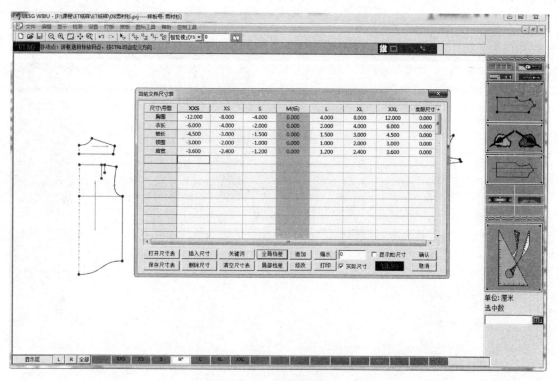

图6-7　建立档差表

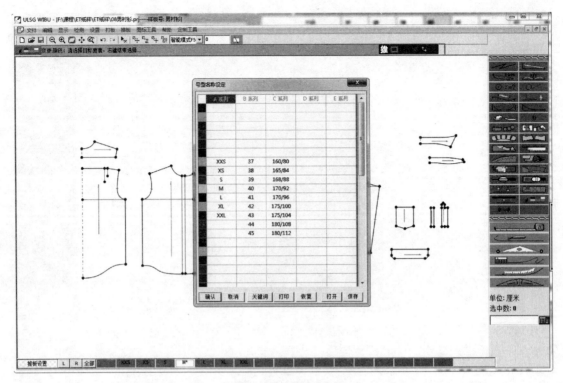

图6-8　设置推放号型

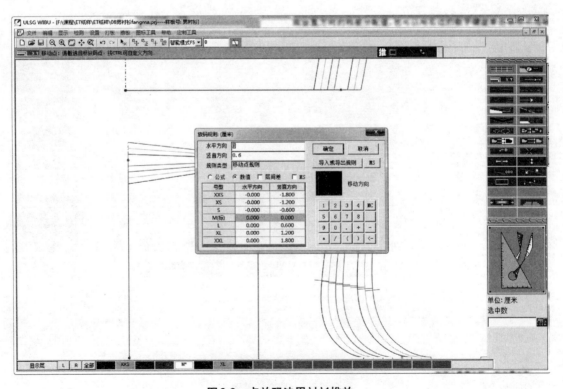

图6-9　点放码法男衬衫推放

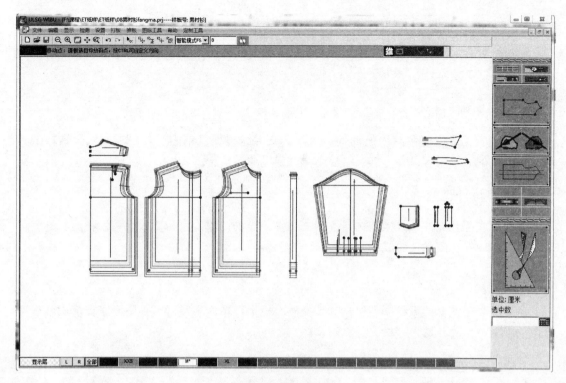

图6-10 男衬衫放码

二、成衣工艺文件设计

某工厂签订一批1000件的长袖男装衬衫订单，款式如图6-11所示，尺码从S ~ XXL，面料为牛仔蓝色纯棉面料，交货期为2017年2月12日。签订订单之后与2016年12月12日完成各工艺单设计。

图6-11 男衬衫款式结构图

（一）生产加工合约书

调取第五章里图5-8所示的生产加工合约书文件，按照订单要求填写相关项目数据及资料，详见图6-12。

（二）服装制板通知单

调取第五章图5-9所示的样板通知单文件，根据订单内容、工艺要求和检验标准等填写相关内容，详见图6-13。

（三）面辅料情况表

调取成衣工艺文件系统中的面辅料情况表文件，根据订单内容及要求填入面辅料的名称、特征、价格等内容，并导入或粘贴小样，详见图6-14。

（四）物料说明书

调取成衣工艺文件系统中的物料说明书文件，根据订单内容和要求填写物料的名称、代码、特征、单件、用量、总成本等内容，详见图6-15。

（五）规格尺寸表

调取成衣工艺文件系统中规格尺寸表文件，根据订单内容及号型规格要求计算出各号型产品的各部位尺寸，填入表格，详见图6-16。

（六）工艺说明书

调取成衣工艺文件系统中的工艺说明书文件，根据订单要求及各工序工艺要求，制定各工序的工艺标准和要求，填入相应表格，详见图6-17。

（七）加工缝型工艺单

调取成衣工艺文件系统中的加工缝型工艺单，根据订单要求、产品缝制工艺、面辅料特点等内容确定重点部位缝制工艺的具体要求和标准，以图示的形式填入表格，并加以文字说明，如图6-18所示。

（八）加工缝型示意图

调取成衣工艺文件系统中的加工缝型示意图文件，根据订单要求及加工缝型工艺单的要求，确定各个缝合部位采取的缝型，并以图示形式填入表格，详见图6-19。

（九）包装工艺说明书

调取成衣工艺文件系统中的包装工艺说明书，根据订单要求及产品特点，制定包装分配方案和包装方法，并以图示形式填入表格，详见图6-20。

（十）标准作业指导卡

调取成衣工艺文件系统中标准作业指导卡，根据缝制工序划分结果和相关资料，编制缝制工序标准作业指导卡，如图6-21所示。

款号	MSH001=Shirt	面料	纯棉	季节	FL’2003	交货期	12/02/2017
款式品种	长袖男式衬衫	尺码	M	类别	急件	制单号	9-1068-2016
设计者	DODO	数量	1000件	尺码范围	S ~ XXL	填发日期	12/12/2016

外观效果图	附件实物	款式细节说明			
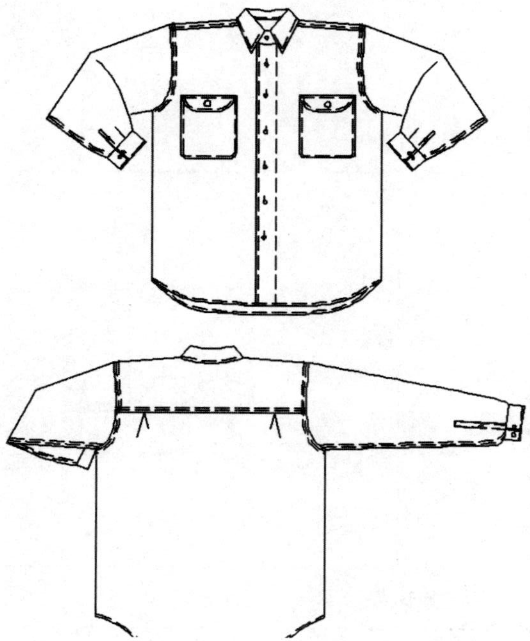	扣子	1. 在后片过肩处有箱形褶 2. 弧形底摆 3. 后片有过肩 4. 立式领形，缉单明线			
	商标	项　目	开始日期	完成日期	操作者
		设计时间			
		纸样设计			
		工艺设计			
		报价单			

物料期		布料期		负责人		经办人		页码	1/2

（a）

图6-12

款号	MSH001＝Shirt	面料	纯棉	季节	FL 2003	交货期	12/02/2017
款式品种	长袖男式衬衫	尺码	M	类别	急件	制单号	9-1068-2016
设计者	DODO	数量	1000件	尺码范围	S～XXL	填发日期	12/12/2016

外观效果图	说明				
	面料				
前　后	内衬	全衬	半衬	√ 无衬	
	熨烫	无褶皱			
	底领	缉单明线；1.27cm			
	袖口	双缉线			
	过肩	缝边1.27cm范围内			
	扣位	前襟竖直开扣眼；底领部位横向开扣眼；袖口竖直开扣眼			
	扣子	前襟上6粒扣；袖衩处一粒；口袋盖一粒；袖口2粒			
	底摆	弧线底摆，弧高10cm			
	缝纫线	按客户要求			

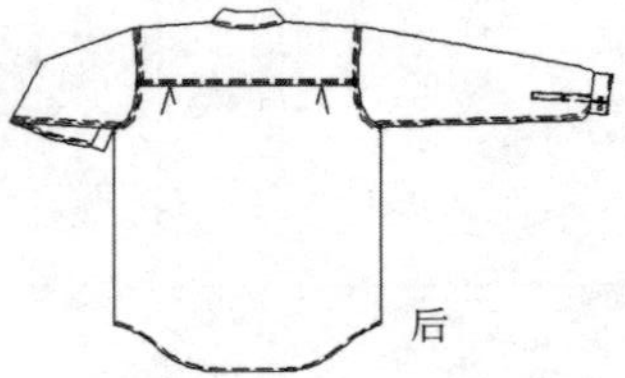

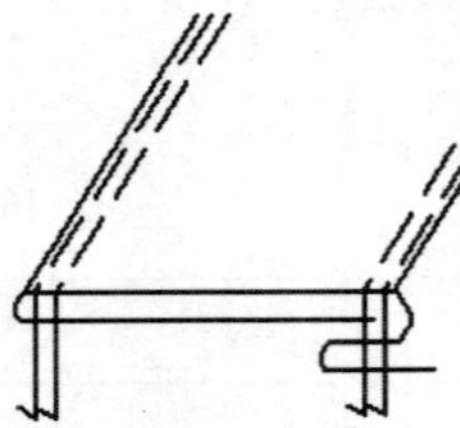

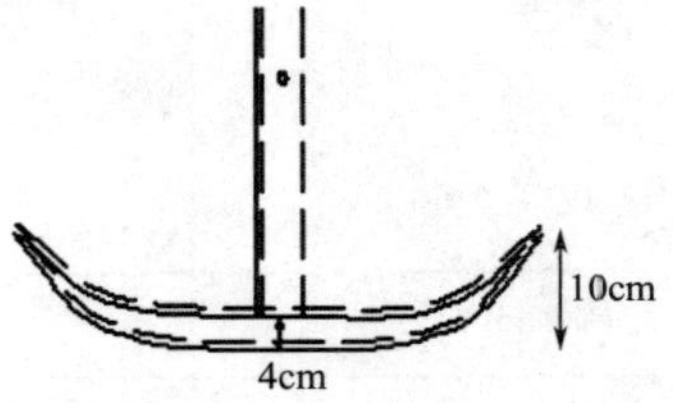

细节加工图示			
10cm　4cm			

物料期	布料期	负责人	经办人		页码	2/2

图6-12　男式衬衫加工合约书（b）

款号	MSH001＝Shirt	季节	FL'2003	交货期	12/02/2017
款式品种	长袖男式衬衫	类别	急件	制单号	9-1068-2016
设计者	DODO	尺码范围	S～XXL	填发日期	12/12/2016
面料	纯棉	尺码	M	数量	1000件

序号	测量部位名称及方法	成衣实际尺寸	允差范围
A	胸宽——水平测量腋下点	63	0.8
B	半腰围——从腰围向下18"水平测量	62	0.8
C	底摆宽	62	0.8
D	前长——从肩点量至底摆线	72	1.5
E	后长——从后颈点量至底摆线	85	1.5
F	后肩宽——从后颈点量至底摆线	57	1
G	前袖隆长——测量肩点到前胸点	20	1.25
H	袖肥宽	24	
I	臂长	77.4	0.7
J	袖口宽	26	0.7
K	袖口高	6	0.3
L	底领长	40.2	1
M	翻领长	45.2	1.25
N	底领高	3.5	0.3
O	翻领高	5	0.3
P	口袋宽	14.5	0.7
Q	口袋高	16	0.3
经办人		页码	1/4

部位测量图示

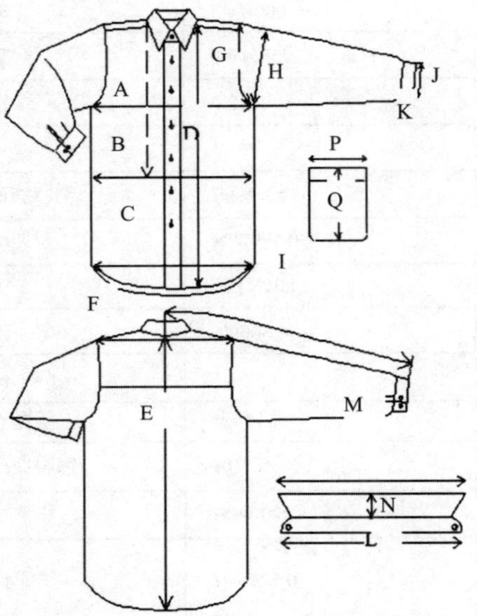

注意事项

熨法：扁装熨（全件不要熨得太平滑，要轻熨）
领尖要收子口
返针和驳线位置要好，不要一堆线
全件线头要剪干净
全件车线不要起皱，要平滑
留意上领线不能外露
每寸车12针
袋角及袋边在止口不要外露

负责人　　布料期　　物料期

图6-13　男衬衫制版通知单

款号	MSH001＝Shirt	季节		FL'2003	交货期	12/02/2017
款式品种	长袖男式衬衫	类别		急件	制单号	9-1068-2016
设计者	DODO	尺码范围		S～XXL	填发日期	12/12/2016

		实物贴图		说明
面料	JEANS-01			【纱特】32*32
供应商	Bonduel			【组织】2/1斜纹
供应商代码	J0112			【成分】60%棉，40%天丝
面料颜色	牛仔蓝			【克重】150克
尺码				【幅宽】150cm
价格	9.500$			
扣子	13TN104			材质：树脂
供应商	Notions Inc			形状：圆形
供应商代码	BTN104			结构：有眼纽扣
颜色	白色			货号：树脂扣54
尺码	0.25"			
价格	0.025 $			
商标	LAB000			
供应商	ADF Printing			
供应商代码	LAB000			
颜色	—			
尺码				
价格	0.180 $			
物料期		布料期	负责人	经办人	页码	2/4

(a)

款号	MSH001＝Shirt		季节	FL'2003	交货期	12/02/2017
款式品种	长袖男式衬衫		类别	急件	制单号	9-1068-2016
设计者	DODO		尺码范围	S～XXL	填发日期	12/12/2016
	实物贴图		说明			
吊牌	LAB001					
供应商	ADF Printing					
供应商代码	LAB001					
颜色						
尺码						
价格	0.211 $					
洗水牌		40℃水温常规水洗 不可干洗 不可漂白 分色洗涤 低温熨烫·底板温度最高110℃ 阴凉处平摊晾干				
供应商	Possibilities					
供应商代码	LAB012					
颜色	白色					
尺码						
价格	0.130 $					
备注：						
物料期		布料期		负责人	经办人	页码 3/4

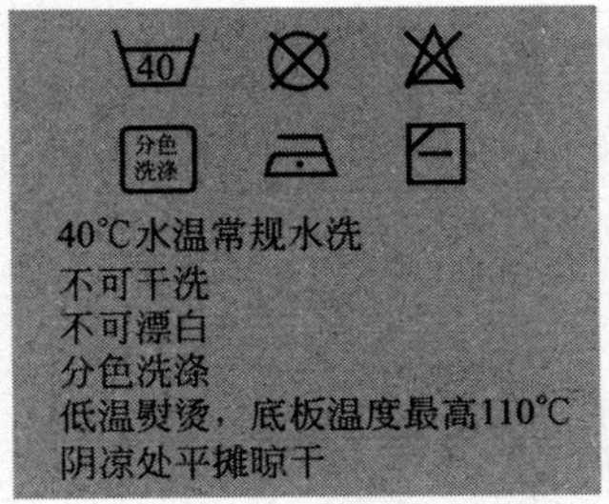

（b）

图6-14 男衬衫面辅料情况表

款号	MSH001＝Shirt		季节	FL'2003	交货期	12/02/2017
款式品种	长袖男式衬衫		类别	急件	制单号	9-1068-2016
设计者	DODO		尺码范围	S～XXL	填发日期	12/12/2016
代码	说明	供应商	单价		数量	总价格
	颜色	代码				
JEANS-01	常规牛仔布	Bonduel	8.500	$	1.50	12.750
	牛仔蓝	J0112				
BTN104	2孔-塑料扣	Notions Inc	0.025	$	10.00	0.250
	棕色、黑色、白色	BTN104				
LAB000	标签	ADF Printing	0.180	$	1.00	0.180
	LAB000	LAB000				
LAB001	吊牌	ADF Printing	0.211	$	1.00	0.211
	LAB001	LAB001				
LAB012	丝绵质地领部商标	Possibilities	0.130	$	1.00	0.130
	LAB012	LAB012				

物料期		布料期		负责人		经办人		页码	4/4

图6-15 男衬衫物料说明书

款号	MSH001=Shirt	面料	纯棉	季节			交货期		12/02/2017
款式品种	长袖男式衬衫	尺码	M	类别	急件		制单号		9-1068-2016
设计者	DODO	数量	1000件	尺码范围	S~XXL	FL'2003	填发日期		12/12/2016

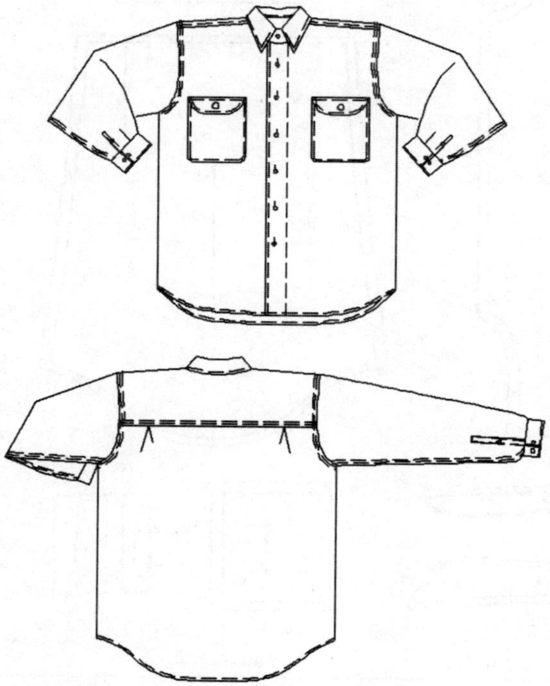

部位 \ 尺码	S	M	L	XL	XXL	XXXL	Tol(+/−)
领围	39	40	41	42	43	44	1.00
肩宽	46	47.2	48.4	49.6	50.8	52	1.25
胸围	112	116	120	124	128	132	4.00
前中长	74.9	75.4	75.9	76.4	76.9	77.4	1.50
后中长	86.5	87	87.5	88	88.5	89	1.50
袖窿长	25	26	27	28	29	.30	1.00
袖长	56.5	58	58	59.5	59.5	61	0.50
袖口长	25	25	26	26	27	27	1.00
袖口宽	6	6	6	6	6	6	0
口袋距门襟	7.6	7.6	8	8	8	8	0.40
口袋宽	14.5	14.5	14.5	14.5	14.5	14.5	0.70
口袋高	16	16	16	16	16	16	0.30
袋盖高	3.5	3.5	3.5	3.5	3.5	3.5	0.3
第一粒纽扣距底领	7	7	7.5	7.5	7.5	7.5	0.50
前襟纽组位距离	8.2	8.2	8.8	8.8	8.8	8.8	0.60
纽眼个数	7	7	7	7	7	7	

负责人	经办人	页码	1/1

外观效果图

物料期 | 布料期

图6-16 男衬衫规格尺寸表

款号	MSH001=Shirt	季节	FL'2003	面料	纯棉	交货期	12/02/2017
款式品种	长袖男式衬衫	类别	急件	基准版尺码	M	制单号	9-1068-2016
设计者	DODO	尺码范围	S~XXL			填发日期	12/12/2016
版样缩图						工艺说明	

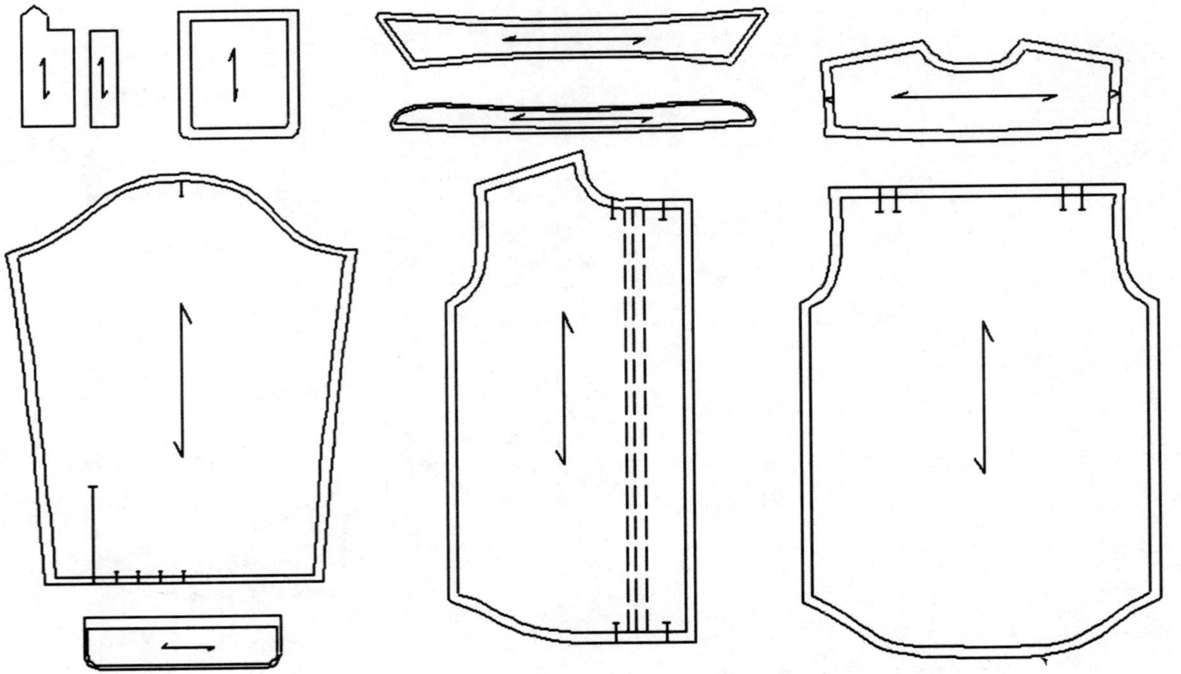

过肩袖袖窿部位标志对位点

后片在褶位处标志剪口

袖口褶位标志剪口

其他部位按纸样裁剪

领衬和袖口衬用刀模压

注：虚线为要求加放位线，
⊥为剪口位，V对位点

物料期	布料期	负责人	经办人	页码
				1/3

（a）

款号	MSH001=Shirt	季节	FL'2003	面料	纯棉	交货期	12/02/2017
款式品种	长袖男式衬衫	类别	急件	基准版尺码	M	制单号	9-1068-2016
设计者	DODO	尺码范围	S～XXL			填发日期	12/12/2016
放码网状图						工艺说明	

| 物料期 | | 布料期 | | 负责人 | | 经办人 | | 页码 | 2/3 |

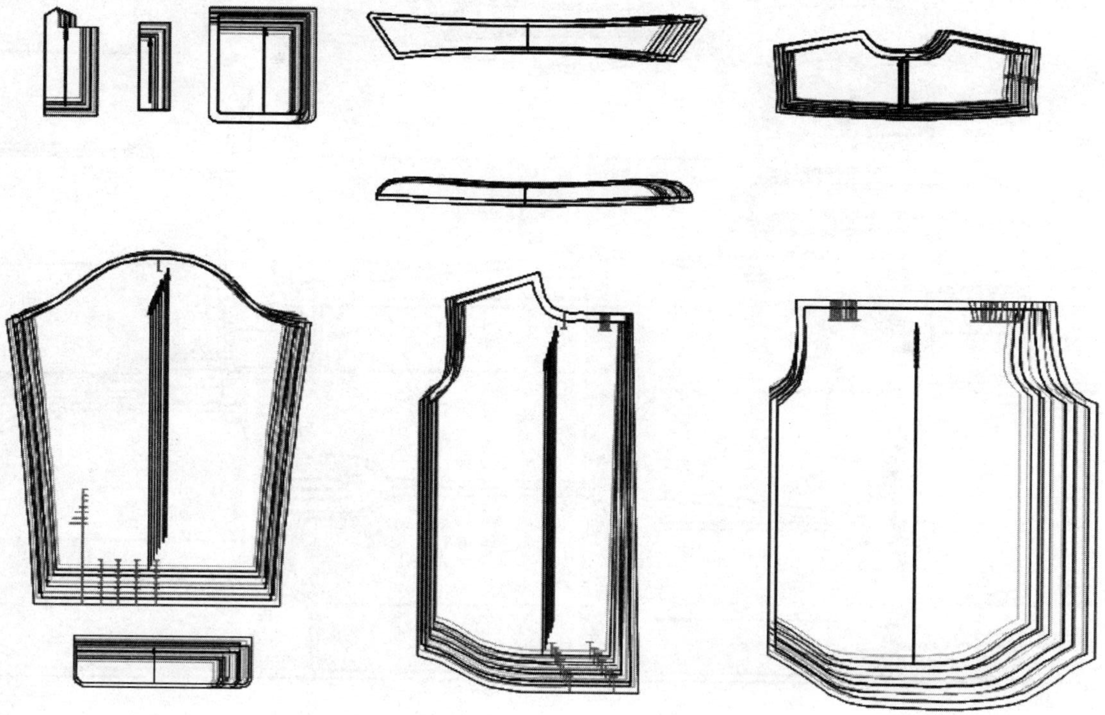

图 6-17

（b）

款号	MSH001=Shirt	季节	FL'2003	面料	纯棉	交货期	12/02/2017
款式品种	长袖男式衬衫	类别	急件	基准版尺码	M	制单号	9-1068-2016
设计者	DODO	尺码范围	S～XXL			填发日期	12/12/2016
排料图						工艺说明	

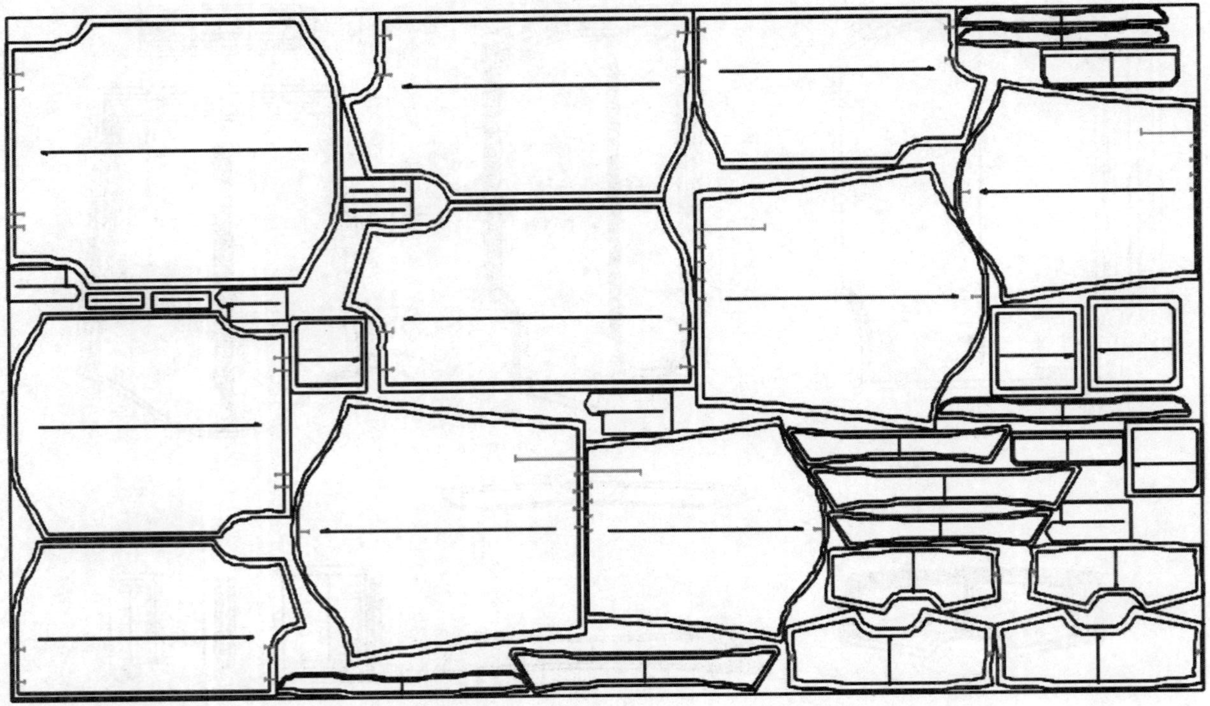

工艺说明：

面料	牛仔布
款名	男式长袖衬衫
设计者	DODO
用料长度	3.26
幅宽	148.00
用布率	83%
套数	2
排料型号	S和XL

物料期	布料期	负责人	经办人	页码	3/3

（c）

图6-17　男衬衫工艺说明书

款号	MSH001=Shirt		季节		FL'2003		交货期		12/02/2017
款式品种	长袖男式衬衫		类别		急件		制单号		9-1068-2016
设计者	DODO		尺码范围		S~XXL		填发日期		12/12/2016
结构效果图			重要部位图示				说明		
			底摆示图				前衣片底摆和后衣片底摆相差2" 底摆弧线高4"		
			扣子部位图示				在前中心线钉纽位 第一粒扣距离底领的纽扣为3" 最后一粒纽扣距离衣摆6" 其余纽位平均分配		
			补充扣位图示				备用扣的位置距离底摆4"		
物料期			负责人			经办人		页码	1/2

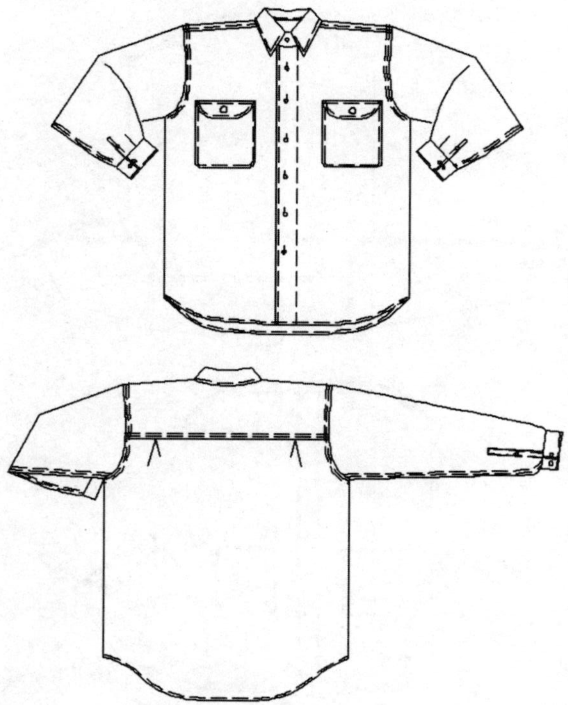

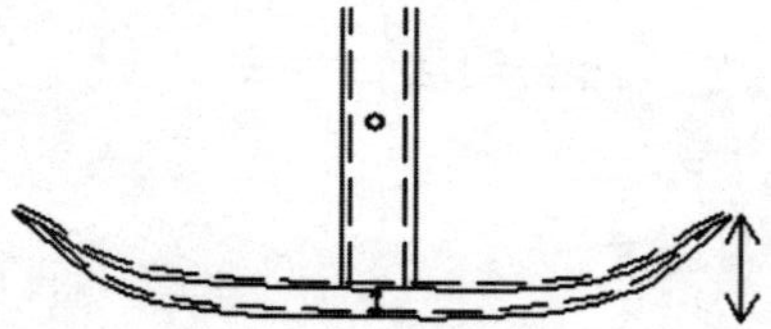

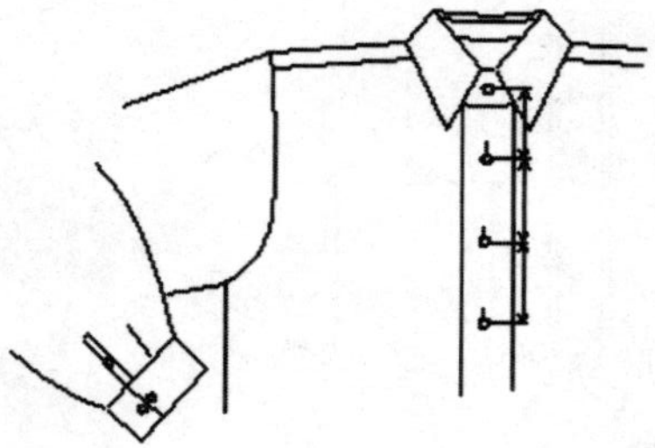

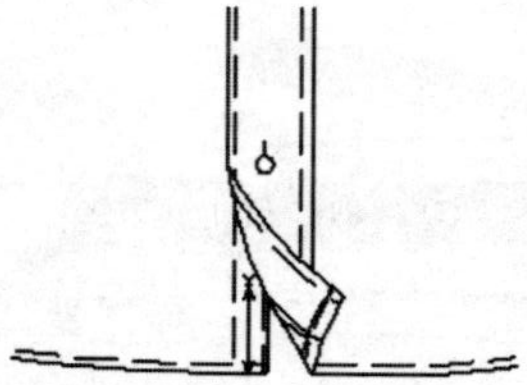

图6-18

（a）

款号	MSH001=Shirt		季节		FL'2003	交货期		12/02/2017
款式品种	长袖男式衬衫		类别		急件	制单号		9-1068-2016
设计者	DODO		尺码范围		S~XXL	填发日期		12/12/2016
结构效果图			重要部位图示			说明		
			领部及黏衬图示					
			口袋位置图示					
			袖口图示			袖褶长度=2 W=1.5 L=11		
物料期			负责人			经办人		页码 2/2
	布料期							

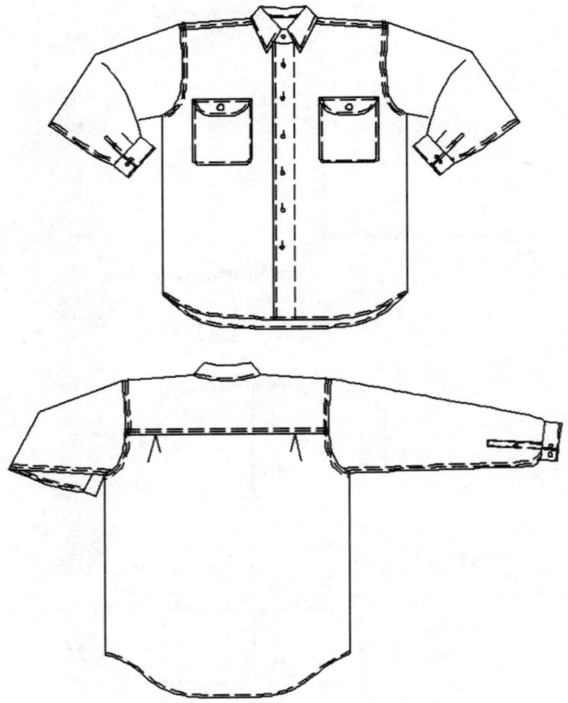

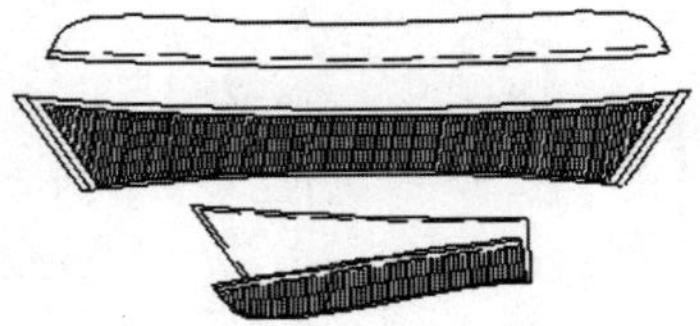

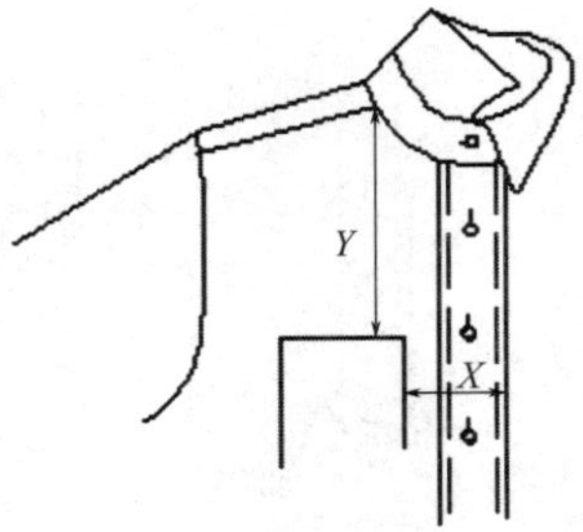

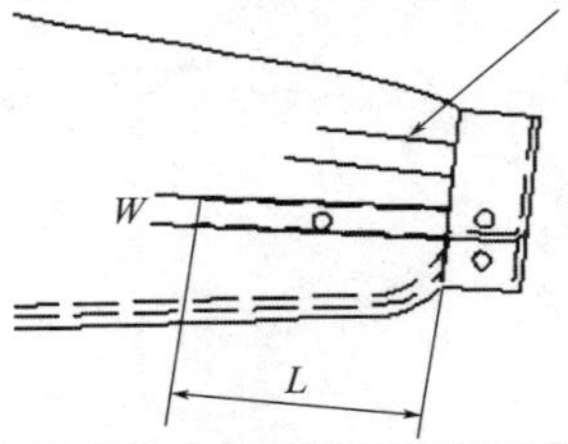

图6-18 男衬衫加工缝型工艺单

（b）

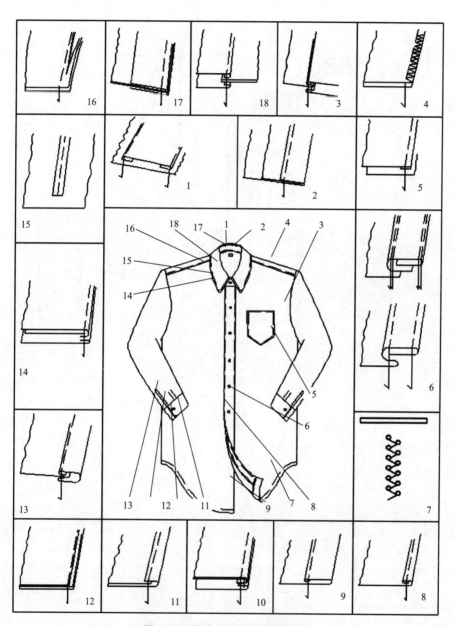

图6-19　男衬衫加工缝型示意图

合约号		发货地		合同数	
款式品种	长袖男式衬衫	收货地		装箱数	
制单号	9-1068-2005			交货期	12/02/2017

MSH001=Shirt

箱号	颜色	尺码/每箱数量					合计	说明
		S	M	L	XL	XXL		
1~18	牛仔蓝	3	5	10	4	2	432	
19~36	牛仔蓝	2	5	9	5	3	432	24件一箱，按图示 插入号码纸及商标
37~41	牛仔蓝	2	4	10	6	2	120	
42	牛仔蓝	0	0	8	8	0	16	

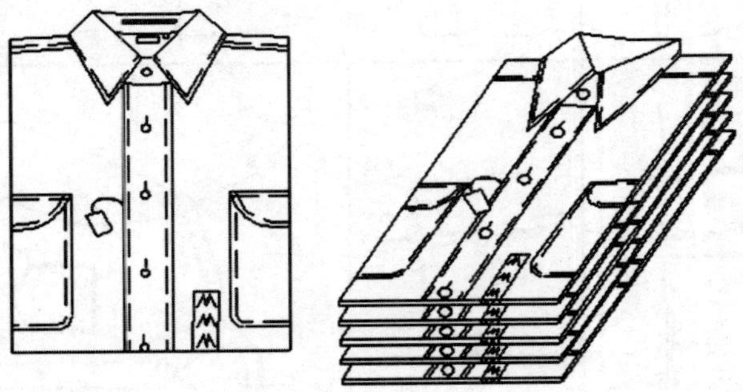

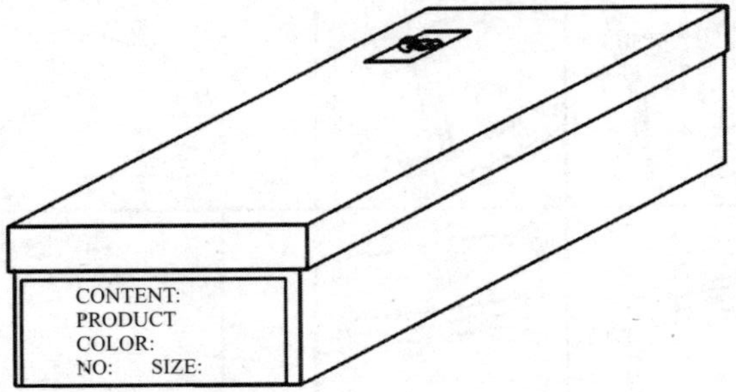

包装图示

主标志的位置如图所示

CONTENT:
PRODUCT
COLOR:
NO: SIZE:

填表日期	12/12/2016	负责人	经办人	页码	1/1

图6-20 男衬衫包装工艺说明书

部　门	缝纫车间	作业标准		技术标准	
工序记号	F₃			使用机针	DA×1　9#
品　名	男子衬衫（针织扣子衫）		使用机器	平缝机	
产品编号	SR-Y		转速	4000r/min	
作业工序名称	装袋		针迹	14针/3cm	
熟练	C	努力	B	使用面料	T/C	使用缝线	涤纶7.5tex

顺序	作业要素	所需时间（s）
01	左前片放在台面适当的位置上，衣片正面朝上，领口近身	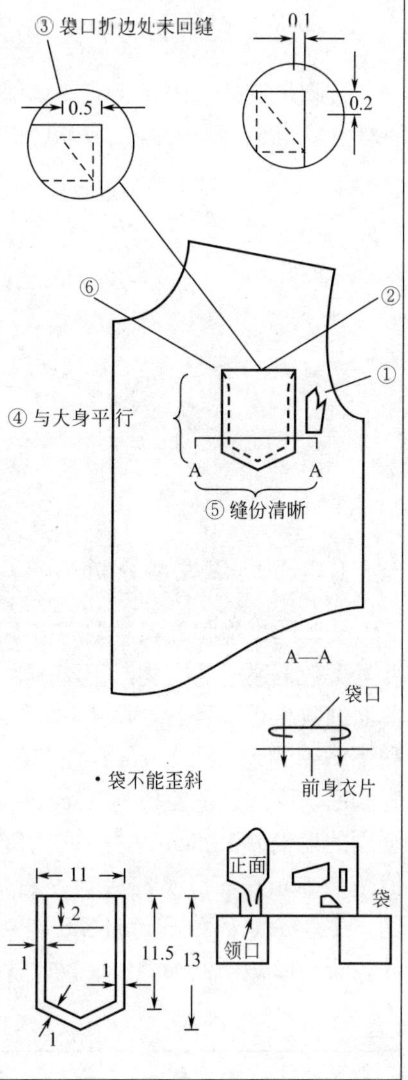
02	衣袋放在右侧	
1	将前片临时压在压脚下 图①中的位置	3.4
2	衣袋折一角送至压脚下 图中②与记号点对齐（袋边距记号点0.2cm） ③沿袋口折边处来回缝	6.1
3	缝合 止口0.1cm ④与门襟平行 ⑤拐角三角顶点要清晰 ⑥缝合结束时来回缝应顺原来缝迹	25.1
4	取出缝好的部件，叠放在右边的辅助台上	2.6

图解　品质特性注意事项

纯加工时间	37.2s	
浮余率（20%）	7.4s	
标准时间	45s	
1h生产件数	80件	8h	640件
检验项目及规格	装袋位置见加工单见图2-15长裤样板	
使用工具	0.1cm止口（右侧）专用压脚	修订		修订处	
制定	2002.5.10				
实施		确认		检验	制表

图6-21　男衬衫装袋工序标准作业指导卡

第二节 文胸成衣工业样板与工艺设计

一、成衣工业样板设计

在本节中，将以女士文胸为例说明在成衣工艺系统中进行成衣工业样板设计的操作过程、操作细节及操作技巧。

（一）款式结构特征分析

文胸是支托、固定、覆盖和保护女性乳房的功能性衣物，主要由鸡心、下扒、后拉片、罩杯、肩带5个部分组成，款式如图6-22所示。

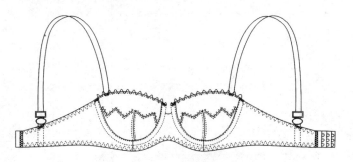

图6-22 文胸款式结构图

（二）成品规格分析

文胸的规格和外衣号型规格不同，在国际上有通用的标准。下胸围数据是女性文胸的主要号型数据之一。文胸以下胸围为依据，号型表示方法是70AA、70A、75B、80B、80C等，前面的数字是"号"，为下胸围的数据，以5cm为档差值变化；后面的字母为"型"，是胸围和下胸围的差，以2.5cm为档差值变化，是用AA、A、B、C、D、E等字母表示。其中AA为胸围与下胸围的差值是7.5cm左右；A为胸围与下胸围的差值是10cm左右；B为胸围与下胸围的差值是12.5cm左右；C为胸围与下胸围的差值是15cm左右；D为胸围与下胸围的差值是17.5cm左右。女性从14左右开始都可以穿戴文胸，只是不同时期对文胸产品的需求不同，生产企业针对不同的客户群可配置设计不同的号型系列，表6-11是同号不同型配置设计，表6-12是同型不同号配置设计。

表6-11 75下胸围文胸号型配置设计表 单位：cm

罩杯	AA	A	B	C	D	E
胸围	82.5（±2.5）	85（±2.5）	87.5（±2.5）	90（±2.5）	92.5（±2.5）	95（±2.5）

表6-12 A罩杯文胸号型表配置设计表 单位：cm

胸围	75	80	85	90	95	100
下胸围	65（±2.5）	70（±2.5）	75（±2.5）	80（±2.5）	85（±2.5）	90（±2.5）

（三）成衣生产样板绘制

1.文胸基础纸样制图

根据表6-1中规定的尺寸，在服装CAD制版软件中分别绘制出文胸罩杯及下巴基础纸样，如图6-3所示，本次基础样板绘制采用的是原型法。

2.文胸成衣制板

文胸的成衣纸样设计包含加放缝边、边角处理、文字标注等。根据图6-23中的文胸基础纸样绘制出面料、垫棉、内层棉布等裁片纸样，并根据不同部位的缝制工艺加放缝边，完成文胸的成衣样板绘制，如图6-24所示。

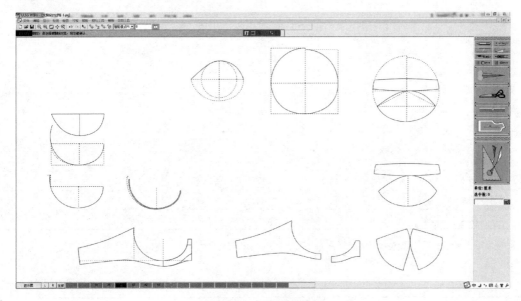

图6-23　文胸基础样板

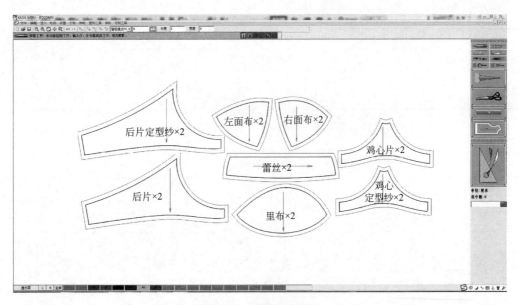

图6-24　文胸成衣样板

（四）样板号型推放

1.计算档差

由于款式、面料、功能的差异，同一号型的文胸因不同的款式，其主要部位的规格存在着一定的差异。因此，这里列出的尺寸会随着款式、面料、功能的变化而做出相应的调整。根据实际推放的号型，可分为同号不同型的数据及档差（表6-13）、同型不同号的数据及档差（表6-14）、同杯不同号的数据及档差（表6-15）。

表6-13　75下胸围的同号不同型数据及档差表　　　　　　单位：cm

规格号型	A	B	C	档差
杯高	12	13	14	1
杯阔	19	20	21	1
下杯缘	20.2	21.5	22.8	1.3
鸡心高	3.2	3.5	3.8	0.3
侧比高	7	7.5	8	0.5
钢圈直径	11.8	12.3	12.8	0.5
上杯边	14.2	15	15.8	0.8
鸡心上阔	1	1	1	0
鸡心下阔	4	4	4	0
后拉片下围	18.8	18.3	17.8	−0.5
后拉片上围	16.5	16	15.5	−0.5
下围实际尺寸	60	60	60	0

注：75下胸围的同号不同型是指下胸围是75cm且尺寸不变的文胸推放号型设置，钩扣、肩带均为通码。

表6-14　B罩杯同型不同号数据及档差表　　　　　　单位：cm

部位 号型	杯高	杯阔	上杯边	下杯缘	鸡心高	侧比高	鸡心 上阔	鸡心 下阔	后拉片 上围	后拉片 下围	下围 尺寸
65B	11	18	13.4	18.9	2.9	6.5	1	4	13	15.3	52
70B	12	19	14.2	20.2	3.2	7	1	4	14.5	16.8	56
75B	13	20	15	21.5	3.5	7.5	1	4	16	18.3	60
80B	14	21	15.8	22.8	3.8	8	1	4	17.5	19.8	64
档差	1	1	0.8	1.3	0.3	0.5	0	0	1.5	1.5	4

注：B罩杯同型不同号是指胸围和下胸围的差值是10cm的文胸推放号型设计，钩扣、肩带均为通码。

表6-15　同杯不同号数据及档差表　　　　　　单位：cm

部位 号型	杯高	杯阔	上杯边	下杯缘	鸡心高	侧比高	鸡心 上阔	鸡心 下阔	后拉片 上围	后拉片 下围	下围 尺寸
70C	13	20	15	21.5	3.5	8.1	1	15	14	19.5	56
75B	13	20	15	21.5	3.5	8.1	1	15	16	21.5	60
80A	13	20	15	21.5	3.5	8.1	1	15	18	23.5	64
档差	0	0	0	0	0	0	0	0	2	2	4

注：同杯不同号型是指罩杯的各个部位数据是相同的，不推放，只是考虑下胸围的推放号型设计，钩扣、肩带均为通码。

无论确定怎样的放码档差值，都要在保证功能性的前提下，设计相应的舒适度。因此，文胸成品针对目标客户的试身效果是检验罩杯造型以及规格尺寸的唯一标准。

2.确定不动点

在纸样设计功能界面中，设计完成文胸纸样设计后，按照成衣纸样要求加放缝份，进入"推板"界面；选择"展开中心点"工具设置不动点，罩杯各片靠近，并以BP点为不动点；鸡心片以前中线与鸡心下缘交点为不动点；侧拉片以侧比高与侧拉片下围交点为不动点。

3.输入放码规则

文胸裁片分为罩杯各个裁片、鸡心片和侧拉片等裁片。号型设置不同，推放的要求也不同，见表6-16～表6-18。

4.调整罩杯阔两侧的放码点

针对罩杯两侧的放码点要采用平行相似延长法，让C、D、F和G点沿着罩杯阔的方向移动，以保证其推放后的弧线平行相似。选择'距离平行'工具，框选C点，点选C点所在线段，出现对话窗口，点选'确认'键，即可完成调整操作，如图6-25所示。其他D、F、G点的操作一样。

5.点选全放码

完成各个放码点的规则输入后，可点选"推板展开"工具图标，出现全放码效果。可点选"对齐"工具图标，进行罩杯、侧拉片、鸡心片等裁片对齐检查操作，检查各个部位的数据是否与成品规格一致。

表6-16　75下胸围的同号不同型　　　　　　　　　　单位：cm

各放码点图示	放码点代码	各放码点（X，Y）数值	
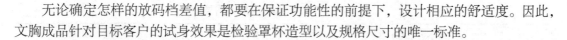	A	X= −0.3	Y=0.4
	B	X= −0.5	Y=0.2
	C	X= −0.5	Y=0
	D	X=0.5	Y=0
	E	X=0.5	Y=0.2
	F	X= −0.5	Y= −0.3
	G	X=0.5	Y= −0.3
	H	X=0	Y=0.5
	I	X= −（−0.5）	Y=0
	J	X= −（−0.5）	Y=0
	K	X=0	Y=0
	L	X=0	Y=0.3
	M	X=0	Y=0

表6-17 B罩杯同型不同号 单位：cm

各放码点图示	放码点代码	各放码点（X, Y）数值	
	A	X= −0.3	Y=0.4
	B	X= −0.5	Y=0.2
	C	X= −0.5	Y=0
	D	X=0.5	Y=0
	E	X=0.5	Y=0.2
	F	X= −0.5	Y= −0.3
	G	X=0.5	Y= −0.3
	H	X=0	Y=0.5
	I	X= −1.5	Y=0
	J	X= −1.5	Y=0
	K	X=0	Y=0
	L	X=0	Y=0.3
	M	X=0	Y=0

表6-18 同杯不同号 单位：cm

各放码点图示	放码点代码	各放码点（X, Y）数值	
	H	X=0	Y=0
	I	X=−2	Y=0
	J	X=−2	Y=0
	K	X=0	Y=0

注：同杯不同号推放，只有下围度变化时才有放码规则。因此，只有侧拉片推放，罩杯和鸡心片都不推放。从工艺加工角度，放码点K不推放，可减少因版型变化而增加缝制罩杯部位的弧度工艺。

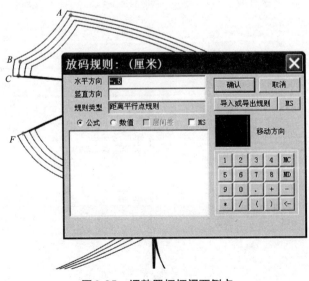

图6-25 调整罩杯杯阔两侧点

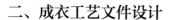

二、成衣工艺文件设计

（一）生产加工合约书

调取第五章里的图5-8所示的生产加工合约书文件，按照订单要求填写相关项目数据及资料，详见图6-26。

（二）服装制板通知单

调取第五章的图5-9所示的样板通知单文件，根据订单内容、工艺要求和检验标准等填写相关内容，详见图6-27。

（三）面辅料情况表

调取成衣工艺文件系统中的面辅料情况表文件，根据订单内容及要求填入面辅料的名称、特征、价格等内容，并导入或粘贴小样，详见图6-28。

（四）缝纫设备表

调取成衣工艺文件系统中的缝纫设备表文件，根据款式特点及各部位工艺要求，填写相关内容，详见图6-29。

（五）缝制工序作业标准

调取成衣工艺文件系统中的缝制工序作业标准文件，根据款式特点及各部位缝制工艺要求，填写相关内容，详见表6-19。

本章小结

本章以男衬衫和文胸为例介绍了利用计算机软件进行成衣工艺样板的设计过程，以及成衣工艺文件的编制方法。成衣工艺样板设计过程包括款式结构特征的分析、成品规格的分析、细部结构的分析、纸样的绘制、成衣工艺样板（面料、衬料）的绘制、成衣放码的操作过程等。成衣工艺文件包括加工合约书、样板制造单、规格尺寸表、工艺说明书、缝型示意图等，每个企业根据产品和企业自身特点，可按需求编织不同形式不同内容的成衣工艺文件。

本章重点要求掌握利用计算机软件进行成衣工艺样板的过程和要求，以及成衣工艺文件的类型和具体内容，并可以独立完成某件产品的成衣样板及工艺文件的设计，熟练操作所需要的各种软件。

款号	LT056-245	面料	蕾丝、定型纱、氨纶布		客户	××××		交货期		2016.11.18
款式品种	蕾丝文胸	尺码	70ABC、75ABC、80ABC		类别	急件		制单号		Aa-123-2016
设计者	×××	数量	500件					填发日期		2016.10.23

外观效果图

附件实物

说　明

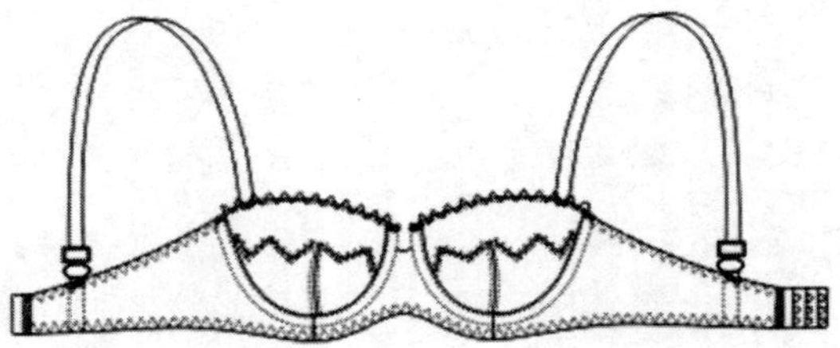

1. 蕾丝面料
2. 上下分割半罩杯
3. 一字比

项目		开始日期	完成日期	操作者
设计时间		2016.10.23	2016.10.24	
纸样设计		2016.10.25	2016.10.28	
工艺设计		2016.10.29	2016.11.15	

说　明

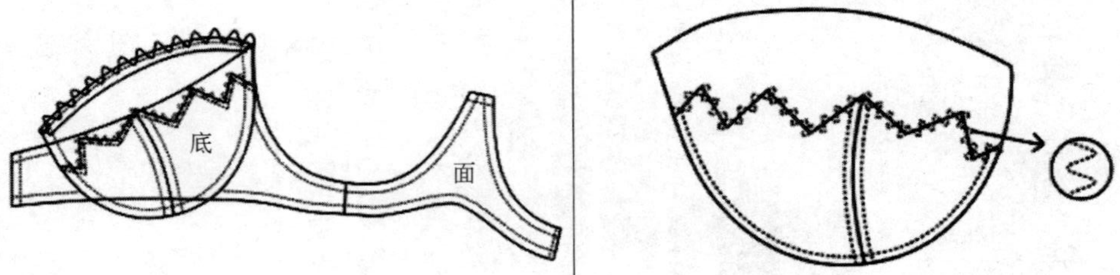

1. 下扒分割位置与罩杯分割位置对齐
2. 罩杯蕾丝与面布按款式裁剪
3. 注意蕾丝弹性

细节加工图示

负责人			经办人		页码	1/1

图6-26 文胸生产合约书

款号	LT056-245	客户	×××		交货期	2016.11.18
款式品种	蕾丝文胸	类别	急件		制单号	Aa-123-2016
设计者	×××	尺码范围	S~XXL		填发日期	2016.10.23
面料	蕾丝、定型纱、氨纶布	尺码范围		75B	数量	3件

序号	测量部位名称及方法	成衣实际尺寸	允差范围
A	下胸围	60	0
B	罩杯高	13	1
C	杯宽	20	1
D	罩杯下沿长	21.5	0.3
E	罩杯上沿长	15.8	0.8
F	鸡心前中心上宽	1	0
G	鸡心前中心下宽	10	0
H	鸡心前中心高	3.5	0.3
I	斜边长	7.5	0.5
J	肩带长	55	0
K	后片上沿长	16	-0.5
L	后片下沿长	18.3	-0.5
M			
N	后肩带距	5	0

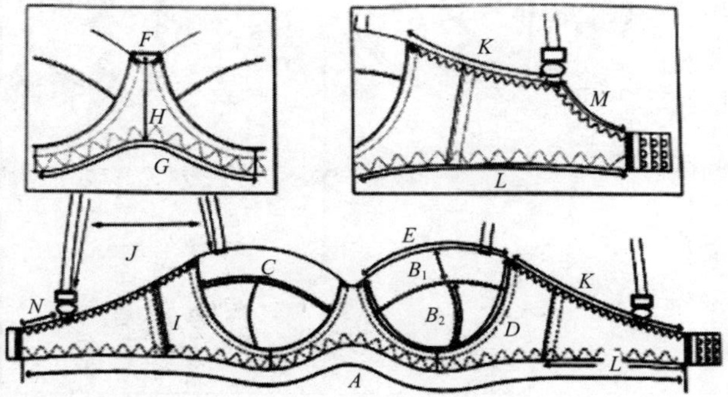

注意事项

部位测量图示

经办人

负责人

页码　1/1

图6-27 文胸样板制作通知单

客户	交货日期	款号	款式	备注	
×××	2016.11.18	LT056-245	蕾丝文胸		
类别	名称	样布	规格（幅宽）	运用部位	单耗
面料1	蕾丝		147cm	面杯	
面料2	氨纶布		160cm	面杯	
里料3	定型钞		155cm	鸡心	
辅料1	肩带		1.2cm	肩带	
辅料2	橡筋		1.2cm	后片上围（带夹弯）、下胸围	
辅料3	钩扣		1cm	后中	
辅料4	钢圈		19/12.4cm	杯底	
辅料5	钢圈拉带		成品	罩杯	

图6-28 文胸面辅料情况表

客户	交货日期	款号	款式	备注	
×××	2016.11.18	LT056-245	蕾丝文胸		
部位	下围、上围	罩杯	罩杯	罩杯、下扒、侧比、鸡心	肩带、捆条
线迹种类	四点线迹	人字线迹	三线包缝	平车	套结车
线迹密度	6针/3cm	10/3cm	24/2.5cm	14针/3cm	40针/3cm
线迹宽度	0.5cm	0.3	0.3		1.2cm

图6-29 文胸各部位设备情况表

表6-19 文胸缝制工序作业标准

工序及工序示意图	备注	工序及工序示意图	备注
（1）缝合左右面布：将下杯面布左右两片面与面相对，中缝线比齐，以单针平车距止口0.5cm处车缝，然后将下杯面部平展，中缝作分缝处并以双针车车缝固定 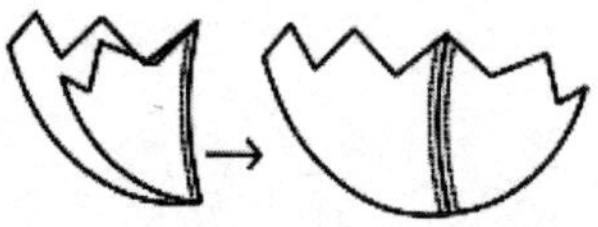	注意，起针和结束时要回针	（3）缝合上下面布：将上下面布底与面叠齐，然后按照裁剪形状用曲折缝中的四点线迹进行叠缝 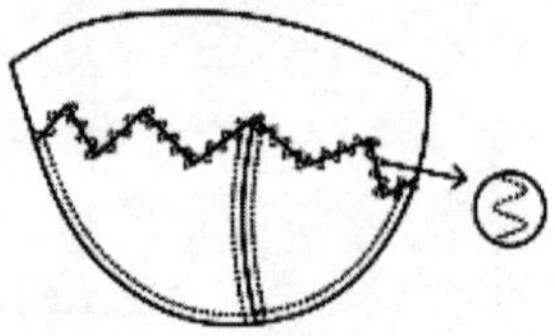	注意，由于此款采用了蕾丝面料，所以与下面布缝合时缝份一定要对剂以保持平服
（2）缝合面部与里布：将罩杯面部与里布底与底相对，然后以单针平车距止口0.3cm处车缝 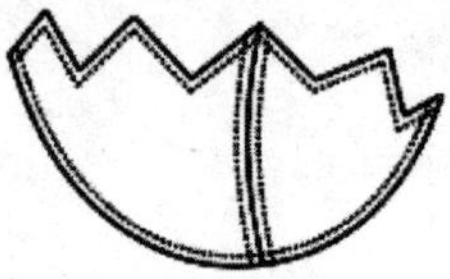 	注意，由于此款文胸的裁片形状比较特殊，所以在车缝时要保持平服、贴合	（4）缝合花边与罩杯：将罩杯上边翻折0.5cm与花边相对，然后以曲折缝缝纫机中的人字线迹车缝固定 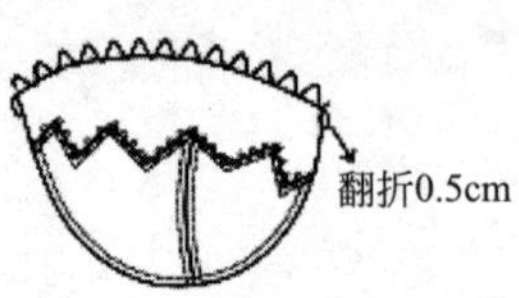 翻折0.5cm 	注意，起针和结束时要回针，花边需多出罩杯0.3cm的量

续表

工序及工序示意图	备　注	工序及工序示意图	备　注
（5）缝合后拉片：将后拉片和网眼布的底与底相对，使其止口位对齐，用单针平车距止口0.1cm处车缝 后拉片面	注意，尺寸正确，下围线饱满圆滑平顺，无结节	（11）缩钢圈拉带：利用特制拉筒将捆条沿罩杯下杯缘以0.6cm双针车固定 底	注意，线迹均匀平顺，罩杯缝份倒向罩杯里，完成后下杯缘平滑圆顺
（6）缝合鸡心：将鸡心面和定型纱面与面相对，分别以单针平车距止口0.5cm处车缝，然后将鸡心翻转，使底与定型纱的底相对，并以单针平车于鸡心边距止口0.1cm处车缝，将鸡心面与里合为一体	注意，边缝止口对齐，线迹平滑圆顺	（12）缩钩圈及水洗标：将水洗标以单针平车固定于钩圈中间，然后以曲折缝缝纫机中的人字线迹将钩圈固定在后拉片的后中线上	注意，线迹均匀平顺，不露毛边，起针和结束时回针
（7）缝合鸡心与后拉片：将鸡心和后拉片下杯缘面与面相对，以单针平车距止口0.1cm处车缝，将缝份倒向两边	注意，线迹平滑圆顺	（13）固定肩带及花边：由于此款文胸肩带部位有花边装饰，先用平车缝合花边与肩带，然后将肩带以套结车分别固定于罩杯上方及后片装肩带处	注意，罩杯上方的肩夹要对到前肩带中间并且左右对称
（8）缝合罩杯与衣身：将罩杯和衣身面与面相对，以单针平车距止口0.5cm处车缝，缝份倒向衣身 底　　面	注意，止口对齐，线迹平滑圆顺		
（9）缩松紧带：将后拉片面布翻折0.5cm后和松紧带面与面相对，同时把做好的肩带下端放在下围上，以曲折缝缝纫机中的四点线迹固定松紧带于后拉片上下围 底	注意，面部平服，不扭纹，上围线饱满圆顺	（14）穿钢圈封结：将钢圈传入捆条中，并在捆条两端封结固定，防止肩带脱落、钢圈移位 底	注意，钢圈型号正确，区分心位与介位，左右对称
（10）中检		（15）后整理：手工剪除多余的线头和余料	

参考文献

[1] 陈霞，张小良等.服装生产工艺与流程[M].北京：中国纺织出版社，2011.

[2] 张文斌等.服装工艺学（成衣工艺分册）[M].2版.北京：纺织工业出版社，2004.

[3] M·晓本，J·瓦德.李辛凯译.服装裁剪与加工[M].北京：纺织工业出版社，1988.

[4] 毛益挺.服装企业理单跟单[M].北京：中国纺织出版社，2005.

[5] 万志琴，宋惠景.服装生产管理[M].4版.北京：中国纺织出版社，2013.

[6] 刘瑞璞.成衣系列产品设计及其纸样技术[M].北京：纺织工业出版社，1998.

[7] 服装工业常用标准汇编[M].8版.北京：中国标准出版社，2014.

[8] 潘波.服装工业制板[M].3版.北京：中国纺织出版社，2016.

[9] 杨雪梅.成衣纸样CAD精准方法[M].北京：化学工业出版社，2013.

[10] 张鸿志等.服装CAD原理与应用[M].北京：中国纺织出版社，2005.

[11] 王海亮，周邦桢.服装工制图与推板技术[M].北京：中国纺织出版社，2004.

[12] 周邦桢.服装工业化生产[M].北京：中国纺织出版社，2002.

[13] 凌红莲.数字化服装生产管理[M].上海：东华大学出版社，2014.

[14] 北京布易科技有限公司.ET—2000操作手册.2008.

[15] 北京六合生科技发展有限公司.智尊宝纺操作手册.2015.